JN112071

# 100倍売れる
## 文章が書ける!

# Web
# ライティング
## の
## すべてがわかる本

［著］
**KYOKO**

ソーテック社

# ⚗ はじめに

## 誰でも一度はチャレンジしてみてほしい仕事

　Webライティングは、「ネットを使ったビジネス」という新しい働き方の中で、もっともスタートのハードルが低く魅力的な仕事です。

　「ネットを使って自宅でお金が稼げる」と聞くと、「怪しい」とか「詐欺なのでは？」という印象を持つ人も少なくないでしょう。それは、一般の「働く」という概念と仕組みが構造的に違う点があるからです。

　普通のいわゆる「労働」は、働いたらそれに相当する時給や月給などがもらえる「賃金労働」です。「1ヵ月働いて0円」のような仕事はないはずです。

　しかし、ネットの世界では違います。

　ネットで稼ぐ場合、多くの仕事が成果報酬です。例えば、よく聞くブログやYouTubeなどは、1ヵ月頑張っても報酬0円、というのはよくある話です。このタイプのビジネスは労働集約型ではないため、労働時間を費やせばその分報酬につながる、ということはありません。作業を積み重ねることで仕組みを構築し、最終的には個人で稼ぐ金額としては考えられないような報酬が得られるといったものです。

　こういった仕組みが理解できないことや、ネット世界のキラキラした部分だけを打ち出す情報発信者がいるため「ネットビジネス＝詐欺」という印象につながるのでしょう。

　成果報酬が多いネットのビジネスの中にも例外があります。その1つが「Webライティング」です。

ライティング技術を習得してWebライターとして仕事をするスタイルは、たしかに即金性と確実性があります。Webライターに関しては「仕事をした分だけ確実にお金になる」ということです。

しかも、通勤の必要はありません。作業場所や時間は自由です。

また通常は、労働や就業時間の対価に報酬を得る労働型ビジネスでは、労働者に積み上がるものは特にありません。

ですが、Webライティングは違います！

ネット上のほとんどのビジネスは、Webライティングを基盤としています。ブログもSNSもYouTubeも、どれも文章なしでは運営することが不可能です。

つまり、Webライティングの仕事に就くということは、未来の可能性を見据えつつ、即金で確実にお金が稼げるということなのです。

近年、国や企業が個人の人生を補償してくれることはないと皆が気づきはじめました。

より、個人の力が試されるようになった中、経済的自立を掴むため、副業としてネットビジネスを始める人もかなり増えました。

それなら、確実性もあり未来の仕事の発展に応用の効くWebライティングが、ファーストチョイスとしてお勧めです。


## 本書はWebライティングを仕事にするための完璧な手引書

本書は、手順通りに進めるだけで、しっかりWebライティングを仕事につなげられる手引書となるように執筆しました。

筆者が運営するYouTubeチャンネルでもよく言っている言葉ですが「明日使えないノウハウに意味などない」と考えているからです。

本書を読んで、実際に案件を受注し少額でも確実に収益を得る人が増えることを、本気で願っています。

正直、Web ライティングの良書はたくさんあります。

　筆者も Web ライティング系の書籍はほとんど持っていますが、意外にも初心者に寄り添った、本当に使える教科書のような本は多くありません。

　情報というのは、受け取る側のフェーズによって価値が大きく変わります。難しい専門用語やテクニックは、これから始める初心者には、聞いたこともない言語のように聞こえるでしょう。

　それでは、そのノウハウは使えないのです。

　受け手にとって本書の情報が使えるノウハウになるよう、細心の配慮をして執筆しました。

　本書を通して、在宅で仕事をする新たな選択肢を、より多くの人が得られるようになってほしいと思います。

2023年1月
KYOKO

# ✑ CONTENTS

第**3**章 ┃ **Webライティングテクニック②**
　　　　　 ── 記事の目的やペルソナ設定

## 第4章 | Webライティングテクニック③
―― 読みやすい文章のコツ

# 第7章 | Webライティングで使えるフレームワーク

# 第8章 | Webライターとして稼ぐ方法

# 第 1 章

# Web ライティング とは

Web ライティングと一口にいっても、その中にはいろいろな種類があります。ここでは数ある Web ライティングの種類の中から、代表的な「コピーライティング」「セールスライティング」「SEO ライティング」について解説していきます。

# 01 | Webライティングはネットで稼ぐ必須のスキルです！

Webライティングは、稼ごうと思ったときに立ちはだかる「見ない壁」「読まない壁」「行動しない壁」を突破するテクニックです。ここではWebライティングの概要について説明します。

## 🖋 書き手の熱量だけじゃ読者は引きつけられません

Webライティングで文章を書いていて、次のような悩みがありませんか？

- 何を伝えたいのかわからなくなってしまった
- 超力作だと思ったのに全然誰にも見られない
- ブログに広告を貼っているのにまったく売れない

これらは、**ネットビジネスで稼ごうと思った人が必ず当たる壁**です。

文章を書くときに「熱量を込めてじっくり取り組めばいい記事が書けるはず」と思っているかもしれません。

しかし、現実はそれほど甘くありません。読者の興味を引き、読み手の心を掴み、購買行動を起こさせる。それには**ロジカルな技術や心理学的要素が必要**になります。

次のように考えている人には、本書で解説するWebライティングのノウハウは身に付けるべき必須のスキルです。

- ネットで大きく稼ぎたい
- ブログで広告収入を得たい
- 人を集められる記事が書きたい
- 文章で人の心を動かしたい

# Webライティングの「3つの壁」

Webライティングには3つの壁があります。

ほとんどの読者は、あなたの文章（記事）を見ません。そして、仮に記事にアクセスしても多くの人は記事を読みません。

さらに、なんとか読んでもらえたとしても、多くの読者がそこから先の行動（購入ページへの移動など）を起こしません。

Webライティングには**「見ない」「読まない」「行動しない」という3つの壁**があるのです。

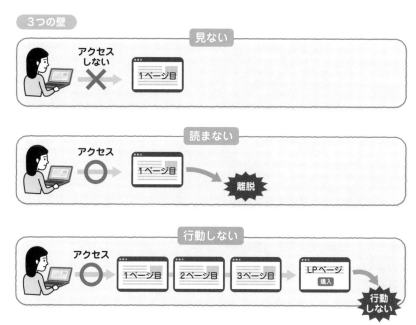

3つの壁

Webライティングにおいて、この読者の3つの壁を打ち壊すのに必須のライティングテクニックが

**コピーライティング**

**セールスライティング**

**SEOライティング**

です。

次節からそれぞれのテクニックについて解説します。

# 02 | 読者を記事に誘導する「コピーライティング」

ここではよく聞くライティング技術「コピーライティング」について学習していきましょう！　Webライティングの中でもどんな役割があるのか、どのようなときに使うのかなど、具体的な方法が身につきます。

## ✒ ブランディングに効果的なコピーライティング

「**コピーライティング**」は、元々は広告の文章を指すものです。

「**キャッチコピー**」という名称ならイメージしやすいかもしれません。キャッチコピーは、短い文章でそのコンテンツの印象を鮮明にイメージさせる文章のことです。

### 有名企業のキャッチコピー例

心と心で、つながる未来へ【ワタミ株式会社】
愛は食卓にある。【キユーピー株式会社】
そうだ、京都、行こう。【JR東海】
お、ねだん以上。ニトリ【ニトリ】
きれいの、その先にあるもの。【コーセー】

これらのキャッチコピーを聞くだけで、会社名が頭に浮かぶはずです。企業を象徴しつつ、ブランドイメージを向上させるためにキャッチコピーは効果抜群ですよね。

コピーライティングと似た文章技術に「**セールスライティング**」があります。両者は似ていますが少し違います。

さきほどのキャッチコピーを見たり聞いたりしただけでは、その企業の商品を買おうとは思わないですよね？

こうはならないはずなのです。

「**直接の購入にはつながらないけれど、ブランディングには効果的な文章**」、それがコピーライティングです。

セールスライティングは、商品を購入させることが目的の文章技術なので、少し役割が違うんですね。

## コピーライティングの役割

コピーライティングの役割は「**行動のフック**」（行動を起こさせるきっかけ）です。

コピーライティングがうながす行動のきっかけとは何でしょうか。

セールスライティングの場合の行動とは、「購入」や「申し込み」だったりします。

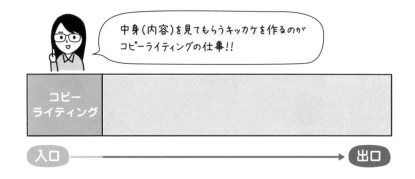

コピーライティング役割はというと「**読んでもらうこと（見てもらうこと）**」です。つまり、読者からするとコピーライティングで書かれた文章は「**コンテンツの入り口**」に相当するわけですね。

特にWebの世界ではほとんどのユーザーが、タイトルやサムネイルなどのコンテンツの入り口を見てもクリックすらしません。なぜなら、今は情報過多でコンテンツが溢れかえっているからです。

「**入り口が魅力的でないと、中身までは見てもらえない**」と思ってください。

そのため、コピーライティングでコンテンツの入り口を魅力的にすることが、コンテンツの良さをわかってもらう第一歩だとも言えるのです。

コピーライティングは、読者の「見ない壁」を突破するのに必要な技術です。読者を記事に誘導する重要な役割があります！

## ✒ 記事でコピーライティングを使う箇所

　それでは、記事のどのようなところでコピーライティングを使えばいいのでしょうか。

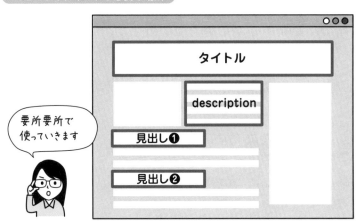

コピーライティングが必要な場所

要所要所で
使っていきます

　例えばブログでは、コピーライティングが使われるのは「**タイトル**」であったり、検索結果のタイトルの下に出る文章（**description**）であったりします。また、記事の見出し（**目次**）もコピーライティングの分野です。

　このコピーライティングで促したい行動は、次のとおりです。

- 「**タイトル**」であればクリック
- 「**description**」は記事の中身を見てもらう
- 「**目次**」は記事を読み進めてもらう

　このように、コンテンツの中身に遷移してもらうため、要所要所でコピーライティングを使っていきます。

# 03 | 売ることに特化した 「セールスライティング」

ここではセールスライティングについて学習していきましょう！ セールスライティングは、Webの中でも最強の武器になるライティング技術です。具体的な利用シーンを知ることで、コピーライティングと切り分けて使えるようになりますよ。

## ✒ 「売る」ための技術 —— セールスライティング

セールスライティングは「**商品を売ること**」に特化した文章を書く技術です。「営業トークを文章化する」イメージですね。

**営業トークの流れ**

| | |
|---|---|
| 冒頭 | 挨拶 |
| 問題提起 | 問題点をあぶり出す・不安をあおる・YES を引き出す |
| 本題 | 問題提起で挙げた内容を解消できる話を提示 |
| 強化 | 同じ立場の第三者の体験談・問題解決の具体例やシミュレーション |
| クロージング | 契約書記入 |

セールスライティングではこのように流れに沿って話を展開していきます。この文章構成は購買心理に合わせて組み立てられていて、意外とロジカルなテクニックが必要だったりします。

良い商品だからといって、熱弁しても売れないんですよね。だからこそ、商品の魅力を上手に伝えて読者の購買心理を掻き立てるようなセー

ルスライティングが必要です。

## ✒ セールスライティングの４つの役割

　セールスライティングの目的は「**購入**」（ユーザーに購入を促す）ですが、無理矢理売りつけるための文章ではありません。自然に買いたい気持ちにさせるのがセールスライティングの技術です。

　セールスライティングの役割は、次のように大きく４つあります。

> **セールスライティングの４つの役割**

1. 潜在ニーズに気づいてもらう
2. 顕在ニーズを強化する
3. 購買意欲を高める
4. 行動を起こしてもらう

　まずは、読者が気づいていない**潜在ニーズ**に気づきを与えることです。なんとなく読んでいるユーザーに、必要性を理解してもらうわけです。ニーズがなければモノは買いません。

　そして、すでに気づいているニーズ（**顕在ニーズ**）を強化する役割もあります。

> ・ **なぜそれが必要なのか**
> ・ **それがあるとどうなるのか**

　これらがわかると、人はもっともっとその商品を欲しくなります。

　**購買意欲**を高めるには、第三者の声（口コミ）や類似商品との比較などが有効です。

　そして最後は、申し込みボタンを押して（クリック・タップして）もらう。これがセールスライティングの本来の役割です。

# ✒ セールスライティングはブログや販売ページで使う

　ユーザーに商品やサービスを**「購入」「申し込み」してほしい場合**、すべてセールスライティングの技法を用います。手紙のようにダラダラとした文章では売れません。

　購買心理に則ったセールスライティングは、次のようなシーンでよく使われます。

`購買心理に則ったセールスライティングを使う例`

```
ブログ記事………販売ページ (LP)
メルマガ…………ダイレクトメール
```

## ブログ記事

　ブログをアフィリエイトなどで収益化しているのであれば、セールスライティングを用います。

　ブログのすべての記事でセールスライティングを使うのかというと、そうではありません。収益化のための記事は、しっかりセールスライティングを使って商品を売っていきます。

## 販売ページ (LP)

　**ランディングページ (LP)** とは、着地点となるWebページを指します。ユーザーに、「購入」という行動を起こしてもらうための販売ページです。

　サイトで商品を購入するとき、縦に長いページに行き着いたことはないでしょうか。あれが販売ページ (LP) です。必要な情報が1ページに収まっていてスクロールするだけで情報にアクセスできることや、見せたい順番に情報を見せられるなど、ユーザーの購買心理に則って要素が構成されています。

## メルマガ

　**メルマガ**（**メールマガジン**）は、あらかじめ登録した購読者に、発信側が知らせたい情報をメール配信する仕組みです。

　メルマガでは、ファンとコミュニケーションをとるだけのケースもあるかもしれません。

　例えば物販サイトなどを運営している場合、その登録者に向けて商品を紹介するメールを配信する場合があるかもしれません。

　そのような場合は、**読みやすく購買意欲をかき立てられるような文章**でなければ商品は売れませんよね。

## ダイレクトメール（DM）

　宣伝目的の封書や手紙が郵便受けなどに届くことがあるでしょう。**ダイレクトメール**といって、ポスティングで郵便受けに配布されるチラシとは違い、ユーザーへ個別に直接送られてくる宣伝用のチラシです。

　ダイレクトメールには商品を売る目的があるわけですから、セールスライティングの技がちりばめられています。

セールスライティングは読者の「行動しない壁」を突破する文章術です。第5章で詳しく解説します！

## 04 | 検索結果の順位を上げる 「SEOライティング」

ここではSEOライティングについて学習していきましょう！ SEOライティングは、Web検索エンジンであるGoogleに評価される文章を書くことで、人を集めることのできる希少性の高いライティング技術です。

## ✒ SEOライティングとは

**SEOライティング**とは、「**Google**」などWeb検索エンジンで検索した際の検索結果で、上位表示させるためのテクニックです。SEOは「サーチエンジンオプティマイゼーション」の略です。SEOを施すことで、そのページが検索エンジンで露出しやすくなります。

SEOライティングは、読者に行動を起こさせるというよりは**集客するための文章術**です。

せっかく書いた記事も、どこにも露出しなければ誰にも見られませんよね。SEO対策することで、無料でたくさんの人に見てもらうことができるようになります。

SEOライティング

✓ Googleは検索エンジン
国内トップシェア
※国内シェア率75.59%

✓ Googleの検索結果に
上位表示すればたくさんの人を
集めることができる

✓ SEOライティングは
無料でできる

　SEOライティングでGoogleの検索エンジンに上位表示するように最適化して文章を書くことによって、検索結果で露出し、たくさんの人に見てもらうことができます。

　現在、Web検索エンジンはGoogleがトップシェアを誇っています。また、日本国内で人気のポータルサイトであるYahoo! JAPANも、Googleの検索エンジンを用いています。そのため、Google向けのSEOテクニックを身につければ、GoogleとYahoo! JAPANの両方の対策ができます。

## 文章技術だけで集客でき、無料でできる

　このように、文章技術1つで検索エンジンからのアクセスを増やし、集客できるのがSEOライティングです。これってかなり凄いことですよね。

　しかも、**SEOライティングは無料でできます。** 普通だったら、人を集めるためにはチラシをまいたり、お金を払って広告を出したりしないといけないわけですから。

　はっきりいって、SEOライティングの技術は顧客理解の面でも、ネットスキルという意味でも最強だと筆者は断言します。これができるのとできないのとでは、月とすっぽんほどの違いがありますね。

# ⚗ SEOライティングの役割

　先ほども説明しましたが、SEOライティングの役割は人を集めることです。人を集めるためにはGoogleのアルゴリズムに沿った文章を書かなくてはいけません。この「**Googleのアルゴリズムに沿った文章**」とはどのような文章でしょうか。

　端的に言うと「**検索エンジンのシステムと、生身の人間のどちらからも評価される文章**」です。

　SEOライティングのテクニックについては後の章で詳述しますが、「表題に沿った答えを、整理整頓された文章構成で、わかりやすく書くこと」、本当にこれに尽きます。

これを実践することでユーザーからの評価が高まり、ユーザー評価が高まると Google からも評価されるようになり、検索結果の上位（目立つところ）に自分のコンテンツが表示されるようになります。

## ✒ SEO ライティングを使うシーン

SEO ライティングを使うシーンはあらゆるところにあります。

SEO ライティングは検索エンジン対策の文章技術なので、SNS やクローズドなプラットフォームに投稿する文章では意味がないように思うかもしれません。実際、そのようなコンテンツでは SEO ライティングの技術は「必要」ではありません。

### 検索エンジンに評価される文章は、人にとっても読みやすい

しかし、これは筆者個人の考えですが、SEO ライティングを習得することで論理的思考が手に入り、あらゆるビジネスに活かすことができると思っています。

SNS やクライアントとのメールのやり取り、もちろんプライベートな文章にも SEO ライティングは役立ちます。そのため、SEO ライティングは「あらゆる場面で使える」と説明したのです。

実際、筆者は検索エンジンに表示させることとは関係のないコンテンツでも、SEO ライティングで用いられる論理的文章構造は常に意識しています。この本を執筆している文章構造も、SEO ライティングからインスパイアされたものです。

つまり、この SEO ライティングを習得すれば、あらゆるシーンに活用できる万能な武器になるということですね。

# 第2章

# Webライティング テクニック①
## ―記事の全体構成を考える

Webで読まれる文章には、一般の文章とは違った特徴があります。基本的に「インターネットユーザーは忙しい」という特性を理解すると、紙媒体の書き方とは大きく違うことがわかるはずです。

Web上の文章には「タイトル」「リード文」「メインコンテンツ」「まとめ」といった決まった要素があります。ここでは各要素について深堀りしていきます。

## 01 | 興味を掻き立てる タイトル作成8テクニック

記事にとっての入り口であり、ファーストステップなのが「タイトル」です。中身がどれほど良くても、駄目なタイトルではクリックされず、まったく読んでもらえません。ここでは、タイトルを魅力的にするテクニック8つ「チラ見せコピー」「あおり」「対義語を使う」「ベネフィットの訴求」「意外性の訴求」「網羅性の訴求」「権威性の訴求」「簡便性の訴求」を解説します。これができるようになると、記事の中身までしっかり読んでもらうためのきっかけを掴むことができますよ。

###  タイトルはチラ見せコピー

タイトルの文言は簡潔でわかりやすく、記事内でどんな内容が書かれているのか想像できるものにするのが基本です。その一方で、答えをタイトルですべて明かしてしまうのは良くありません。

次の記事タイトルはどうでしょうか。

> **悪い例** ニキビには薬局で売ってるオロナインが効果的｜コスパ最強なのは医薬品だから

筆者なら、このサイトの中身を見ずにもう一度「オロナイン」と検索して直接購入してしまうかもしれません。

同じ商品記事のタイトルとして、次の文言はどうでしょうか。

> **良い例** ニキビ撲滅の必須アイテムは薬局にあった!?コスパ最強の万能薬を紹介する

このタイトルの文章は、記事を読まなければ答えがわかりません。し

かし、それが何なのか気になるタイトルになっています。

　ポイントは「**少しだけ答えを見せる**」というところです。最初の悪い例では「ニキビには薬局で売ってるオロナインが効果的」と答えをタイトルに全部書いてしまっています。

　良い例では「ニキビ撲滅の必須アイテムは薬局にあった!?」と匂わせるにとどまっていて、記事の中身を見ないと本当の答えにたどり着けません。このようにすれば、必然的に記事へのクリック率は上がりますね。

## 不安をあおって記事に誘導する

　タイトルで読者の**不安をあおり記事内に誘導するテクニック**もあります。有名なところでは「知らなきゃ損する？」のようなタイトルですね。

　これ以外にも、**ネガティブキーワードを含めてタイトルを構成**し、ユーザーに不安をあおる方法もあります。

　不安をあおることで「記事を読むことで問題解決できるのでは」という期待をさせて、記事に誘導するわけです。

　ただし、やりすぎたり、記事の中身との整合性が取れていなかったりすると「釣りタイトル」になってしまうので注意が必要です。

　あおりタイトルの悪い例を示します。

 ニキビを潰すのは危険!?　とんでもない末路を大公開

　このタイトルは、確かに読み手にすごく不安を伝えますが、中身がともなうか心配なタイトルですね。ちょっと過激すぎます。

　次の悪い例です。

 「ニキビは潰すとすぐ治る」に驚愕の真相｜隠された真実とは

　「驚愕」「真相」「真実」はあおり系タイトルでよく見かける文言ですが、あまりお勧めしません。これも記事の中身がともなわない可能性が

高いからです。

　どの文言も壮大な印象ですが、記事内で実際にユーザーを驚愕させられる答えを返せるならいいと思います。

　「真実」や「真相」といった仰々しい言葉にふさわしい内容であるかどうかが、あおりタイトルが許容されるかどうかのボーダーラインです。

　多くの場合はそうではありません。そうなるとただのフェイクタイトルになってしまい、記事を読んだユーザーが落胆してしまいます。

　次に、**ネガティブキーワードを使った悪い例**です。

 xxxxxに被害の悪評！　効果なし？　解約できない？
危険な商品か検証した

　商標でサイトを作っているケースでときどき見かけますが、このようにネガティブキーワードを挙げ連ねて不安をあおるのは良くありません。まず、広告主が良い印象を受けないでしょう。

　記事では「良い商品です」という趣旨の内容にするのかもしれませんが、ギャップが大きすぎて読み手が騙された感情を受けます。

　**あおりをタイトルにうまく使った例**を紹介します。

 ニキビを潰す５つの弊害【※必読】事前対策で後悔なし

　このタイトルであれば、事実に基づいた記事が期待できます。次のようなソフトなあおりに受け取られるでしょう。

- ニキビを潰すことには５つのデメリットがあるんだな
- 後悔しないで済む事前対策が書いてあるのだな
- 読んでおこう

　記事内部のコンテンツの事実と大きな乖離（かいり）がなく、なおかつ「一応確認しておこうかな」という気持ちになるはずです。

# ✒ 対義語を使う

　タイトルのテクニックの1つに、「**対義語を使う**」というものがあります。

　検索エンジンで「医療脱毛 メリット」と検索しても、対義語である「デメリット」を含んだタイトルのものが上位を埋め尽くしています。

対義語を使った検索例

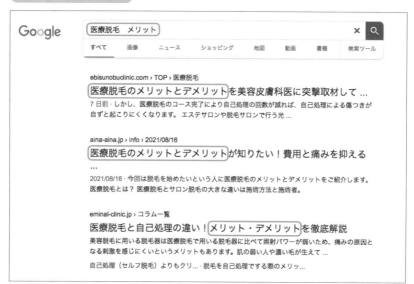

　「メリット」について記事を書く場合、対比として「デメリット」にも言及することが多いので、検索エンジンとしてもセットで捉えているように見えます。

　よく使われる対義語は次のようにたくさんあります。

- 高い・安い
- 黒・白
- 失敗・成功
- 無料・有料

　対義語をタイトルに含めるポイントとしては、次の内容を基準に考えてみるといいでしょう。

❶ そのキーワードはコンテンツを書く際に比較の対象として相反する事象についても触れるのか？
❷ それは一般的な使われ方をしているか？

　「メリット」といえば「デメリット」。
　「高い」と言えば「安い」。
　「黒い」と言えば「白い」。
　このように考えなくてもパッと対比の言葉が浮かぶものであれば、検索エンジンもセットとして認識している可能性があります。
　なお、ある言葉の対義語がわからない場合は、「**対義語辞典オンライン**」（https://taigigo.jitenon.jp/）などのサービスを使ってみましょう。

## ✒ ベネフィットの訴求

　ユーザーは記事のタイトルから「その記事が自分にどのようなメリットをもたらしてくれるのか」という「**自分にとっての利益（ベネフィット）**」の部分を見ています。
　つまらなそうな記事であれば、見るだけ時間の無駄ですよね。読者にとって時間を使って読む価値があることを、タイトル内で示していく必要があります。
　例えば次の例であれば、「記事を読んだらモテる女になれる」という未

来がわかります。

例

彼氏が欲しい【最短実現可】
実践するだけでモテ女になれる3つの言葉

「彼氏が欲しい」と願うユーザーであれば、その奥底の望みは「モテたい」「愛されたい」というのがベネフィットですからね。そこにアプローチしたタイトルです。
　ベネフィット訴求のタイトルを作るポイントは次のとおりです。

ポイント

❶ ペルソナ（想定読者）の真の望みを考える
❷「この記事を読んだらどうなるか？」の未来を添える
❸ 簡潔な文章でタイトルに挿入

## 意外性の訴求

　自分の常識外の情報は知りたくなります。人間には知識欲がありますから、知らないことを知ろうとするわけですね。
　タイトルに「**意外性**」の要素を足すことで、知識欲を高められ記事内部に誘導することができます。
　意外性を訴求するタイトルのポイントは、**常識をくつがえすような文言を入れる**ことです。

例

イケメンだけがモテるわけじゃない｜見た目よりも大切な3つの事

常識：「イケメンだけがモテる」➡そうじゃない

このように意外性を提供することで、「え！？　どういうこと？」と相手の知りたい気持ちを高めることができます。

　人々が「当たり前」だと思っていることを否定する手法でも、タイトルの意外性を演出して相手に強い興味を持たせることができます。

- 洗濯に水は使うな
- カレーにルーは使うな
- 納豆に醤油は入れるな

　このように当たり前のことを否定されると、読者は次に「なぜ？」と「では、どうするのか？」と続きが知りたくなり、記事を読みたくなります。

##  網羅性の訴求

　タイトルに「**網羅性**」を意識したほうがいい場合があります。特にHOW-TO系のコンテンツでは網羅性を意識したほうが良いでしょう。

　「どの記事よりも抜け漏れなく書いていますよ」という印象が伝わるような文言をタイトルに含ませるのです。

　例えばちょっとベタですが、次のように【完全版】という文言などで網羅性を表せます。

**【完全版】副業の始め方・やり方を徹底解説**

網羅性を表すには他にも次のような文言があります。

網羅性を表すワード

- 徹底的
- 完全網羅
- 完全マニュアル
- 超具体的
- 総まとめ
- フルコンプリート

網羅性をアピールできる文言をタイトルに入れてみましょう。

## 🖋 権威性の訴求

「誰がその記事を書いたのか」という情報はユーザーにとってとても重要です。これを「**権威性**」と呼びます。

　極端な例ですが、ペットフードの紹介をするのにペット・動物と無縁の職業をアピールしてもまったく権威を感じません。

例

**土木作業員の僕が紹介するおすすめペットフード5選**

　やはり、読者はその道のプロフェッショナルが書いた記事を読みたいものです。

　【医師監修】や【税理士監修】などがタイトルにあるのも、もちろん権威付けです。その道のプロフェッショナルが書いているということが、タイトルを見ただけで一目瞭然です。

　ただし、権威性の付与には必ずしもプロによる執筆が必要というわけではありません。

　タイトルに権威性を持たせる例として次のようなものがあります。

- 10本使い倒した私が勧めるニキビに効果的な化粧水
- 「80キロ→60キロ」を実現した私のダイエット法

　ポイントは「そのことに対して私は詳しい」ということを、ユーザーがわかる文言を使うことです。

## ✒ 簡便性の訴求

　人間は簡単にできることを好み、面倒なことを嫌います。タイトルで「○○を達成するための100の手順」などと書かれていれば、とても面倒くさそうだと感じ、敬遠されるでしょう。
　次のように「**簡便性**」をアピールする文言をタイトルに含めることで、読者に訴求できます。

- あっという間に足が速くなる3ステップ
- 【塗るだけ激変】話題の○○をレビュー
- 【一石三鳥】これだけでお掃除が楽になるとっておきの
  マル秘アイテム

　簡便性をアピールするポイントは、**工程数が少ないことを強調**したり、「○○だけで」「たった」などの文言を使ったりすることです。

　以上が、読者の心をキャッチするタイトルの付け方です。
　この要素や文言については、タイトルだけでなく次節で解説するリード文でも役立ちます。

# 02 | 魅力的なリード文の作り方

タイトルに次いで、記事でもっとも読まれるのは「リード文」です。リード文とは、タイトルから本編に入るまでの導入文のことで、記事の最初の文章のことです。ここでは、魅力的なリード文を作るために必要な要素について学習していきましょう！

## 🖊 ネットユーザーは見切りが早い

　ネットでときおり恐ろしく長いリード文の記事を見かけます。しかし、書き手が想像する以上にネットユーザーは忙しく、自分にとって重要な事柄だけを抜き取って記事やサイトを見ています。

　「あ、このサイトは自分に関係ないな」とか「知りたい答えはなさそう」と冒頭で判断されれば、あっという間にページを閉じられてしまいます。そのため、**記事のリード文は300文字から500文字程度**に収めましょう。

　この**リード文次第で、その先が読まれるか否かの80%が決まります。**メインコンテンツを読んでもらうためには、冒頭のリード文でユーザーの心をがっちり掴まなくてはいけません。

　読者の興味を引きつけるリード文のキーワードは「驚き・疑問」「共感」「価値」「権威性」「簡便性」です。

　前節で解説した、記事のタイトルとも共通する部分があります。

　情報の選択肢が多いネットユーザーは、記事が自分が欲しい情報ではないと感じたらすぐ離脱する恐れがあります。

## ✒ 驚き・疑問を与える

　人はありきたりなものには興味を示しません。読み始めのリード文で心をグッと掴むような、フックとなる「**驚き**」を与えることができれば、興味を持って読み進めてもらうことができます。

　読者に驚き・疑問を与える方法としては、例えば「意外な事実」を文章の冒頭で提示するのもいいと思います。

- 実は私こう見えて子供が10人いるんです
- 実は私3日で10キロ痩せたことがあります
- 副業を始めて初月から100万円稼げました

　記事のテーマによって意外性の切り口はさまざまですが、読者に「えっ！？」と思わせるようなことを最初に提示すると心をわし掴みできます。ただし、嘘は駄目ですけどね。


## ✒ 共感 —— YESセット

　忙しい読者は「自分事」と捉えない限り記事を読み進めてはくれません。「あ、私には関係ない話だ」と思われたら、すぐにブラウザを閉じてしまうでしょう。

　読者に自分のことと感じてもらうのに有効なのが「**YESセット**」という共感のテクニックです。

　YESセットとは、**会話の中で意図的に相手から「YES」を引き出す営業トークのテクニック**です。

**YESセット**

Web向きの文章を書くのって難しいですよね。

YES →

そもそも文章を書くのが苦手なら、なおさらです。

YES ↓

Webライティングのやり方が具体的にまとまったコンテンツを探していたのではないですか？

YES →

この記事を読めば、Webライティングの基礎基本をしっかりおさえることができるようになります。

　本編に入る前に何度も読者の「YES」を引き出すことで、途中でユーザーが離脱するのを防ぎ、しっかり読み進めてもらう効果があります。明らかに読者が同意するであろう文章を添えることで一貫性の法則が働き、その後の行動も肯定的なものになりやすくなります。

　他に、リード文で共感を呼ぶテクニックとして、次のような方法もあります。

**記事のペルソナ（想定読者）を明文化する**

あ…
自分のことだ!

この記事はこんな人におすすめ

● Webライティングについて詳しく知りたい
● ネットで稼ぎたい
● Webライティングの勉強がしたい
● Webライティングで稼ぎたい

あえて、その記事のペルソナ（想定読者）が誰なのかを言葉にして示します。すると、当てはまる人物は「自分のことだ！」と自分事に捉え、記事本編も興味を持って読み進めてくれます。

## 💧 価値（ベネフィット）はあるか

読者は価値のない記事に時間を使いません。

検索エンジン経由でアクセスしているか、すでに執筆者のファンだから記事を読んでいるかにもよりますが、普通は名も知らない人の「私の食べた今日のランチ」のような内容には興味はないわけです。それを読んでも特に価値がないですからね。

**その記事を読んだら読者にどんな良いことがあるのか**、どのようになるのか、それが価値であり**ベネフィット**です。ベネフィットとは、その情報やモノを手に入れた後の最終的な利益のことです。

例

**この記事を最後まで読んでもらえたら、あなたは明日から
人の心をグイグイ動かすような文章が書けるようになります。**

リード文には、この記事を読んだら自分がどうなるのか、未来の姿……ベネフィットを言葉でしっかりと提示してあげましょう。それがこの記事を読んだ後の利益になるわけです。

## 💧 権威性

タイトルと同様に、リード文でも**権威性**は重要です。やはりその記事を書くに値する人物なのかどうかは大事ですよね。

「昨日 Web ライティング始めました」という人が書いた「Web ライターのはじめ方」という記事よりも、「Web ライティング歴15年」の人が書いた記事の方が圧倒的に信憑性があります。

- なんか稼げそうだから書いてみる
- よくわかんないけど調べて書いてみる

　というのも経験としては大事ですが、最終的には自分が語れることや、話すにふさわしいコンテンツを書いたほうが相手に刺さります。なぜならそこには権威性があるからです。

　**人は権威ある人のことを盲目的に信じる傾向**にあります。白衣の医師が手渡す粉を「効果のある薬だから飲んでください」と言えば、それが小麦粉でも信じて飲み、ときとして症状が改善することがあります。これを心理学で「**ハロー効果**」と呼びますが、ライティングでも大いに使えます。

　権威性の付与の仕方については前節でも解説しました。必ずしもその道のプロである必要はありません。記事のテーマに対して自分がどのような実績があるのかなど、書ける範囲で書いてみましょう。

## 簡便性

　How to 系のコンテンツでは特に顕著ですが、手順が長かったり難しそうだったりすると、読者に敬遠されてしまいます。そのような記事では**簡便性**も意識しましょう。

　読者に「簡単にできそうだな」「すぐに成果が得られそう」と感じさせるような言葉でアピールします。

例

- 簡単3ステップでできます
- これを読んだら明日からすぐに実践可能です

記事を読んでも実践できなければ、時間の無駄ですからね。

# 03 | 心に刺さる メインコンテンツの作り方

メインコンテンツの作り方について解説していきます。文章全体の中でもメインコンテンツは中核をなすパートです。 読者からの理解と共感を得るために必要なポイントをおさえながらメインコンテンツを作っていきましょう！

## 構成案を作る

　メインコンテンツを作る際に初心者がよくやってしまうのが、「いきなり文章を書き始めてしまう」ことです。

　下地も作らず突然文章を書き始めてしまうと、つじつまの合わない文章になったり、説得力のない文章ができ上がってしまいます。

　記事を書く際はまず「**構成案**」を作りましょう。

　構成案を作る際のポイントは次の2つです。

❶ 見出しだけ見てわかるように作る
❷ 箇条書きで骨組みを作る

構成案はメインコンテンツの設計図のようなもの。記事の構成案を先に作成して、執筆中に迷わないようにしましょう。

## ❶ 見出しだけ見てわかるように作る

　本文 (メインコンテンツ) を書く前に、内容の大枠を**見出し**を使って
作っていきます。

　例えば、次のようにタイトルに対してメインコンテンツでどのような
ことを書いていくのか、あらかじめ決めておくイメージです。

　　見出しだけで記事の内容がわかるように

**タイトル:**
**ブログ記事の書き方｜ 初心者でも高品質記事になる５ステップ**

**メインコンテンツ:**
┗① ペルソナ (想定読者) を決定しよう
┗② 記事のアウトラインを決めよう
┗③ 要点を箇条書きにしよう
┗④ ライティングで肉付けしていこう
┗⑤ 文章の見直しをしよう

**まとめ**

　こうすることで「書いてる途中で何を伝えたいのかわからなくなって
しまった」といった迷子になることがなくなります。

　基本的にインターネット上のユーザーは多忙です。できれば「自分が
知りたいこと」以外に触れている記事を目にしたくないと考えていま
す。「余計なことは書かないでほしいし、読んでいる時間はない」とい
うことです。

　だからこそ見出しは「**簡潔にわかりやすく**」を徹底しなくてはいけま
せん！　見出しは記事で「目次」に設定される部分でもあり、また記事
を読んでいて目立つ部分でもあります。

　記事の見出しは、ブラウザで表示される際は次のように読者に見えま
す。

2022
11/11　**ブログ記事の書き方｜初心者でも高品質記事になる5ステップ**

■ おすすめの副業 ⏱ 2022年11月11日

≡ **この記事の目次**

- ① ペルソナ（想定読者）を決定しよう
- ② 記事のアウトラインを決めよう
- ③ 要点を箇条書きにしよう
- ④ ライティングで肉付けしていこう
- ⑤ 文章の見直しをしよう
- まとめ

　ブログで見ると、上記のように目次エリアに表示され、クリックするとそれぞれの箇所に移動できます。

　読者としては、読みたい部分だけ読めるメリットがあると同時に、目次エリアでその記事の全体像を把握することができます。

記事内での見出しの見え方の例

**① ペルソナ（想定読者）を決定しよう**

テストテストテストテストテストテストテストテストテストテストテストテストテストテストテスト
テストテストテストテストテストテストテストテストテストテストテストテストテストテストテスト
テストテストテストテストテストテストテストテストテストテストテストテストテストテストテスト
テストテストテストテストテストテストテストテストテストテストテストテストテストテストテスト
テストテストテストテストテストテストテストテストテストテストテストテストテストテストテスト
テストテストテストテストテストテストテストテストテストテストテストテストテストテストテスト
テストテストテストテストテストテストテストテストテストテストテストテストテストテストテスト
テストテストテストテストテストテストテストテストテストテストテストテストテストテストテスト
テストテストテストテストテストテストテストテストテストテストテストテストテストテストテスト
テストテストテストテストテストテスト

**② 記事のアウトラインを決めよう**

テストテストテストテストテストテストテストテストテストテストテストテストテストテストテスト
テストテストテストテストテストテストテストテストテストテストテストテストテストテストテスト
テストテストテストテストテストテストテストテストテストテストテストテストテストテストテスト
テストテストテストテストテストテストテストテストテストテストテストテストテストテストテスト

記事内でも、見出しは前ページの写真のように目立つデザインになっていることがほとんどです。

読者は目立つ見出しを見て、記事の全体像が把握できますよね。

**ユーザーが記事中で重点的に見ている箇所**

- タイトル
- リード文
- 強調されている文章
- 画像
- 見出し

**記事のその他の部分は読まれていない**、と思っていてもいいいほどです。そのような中で、記事の大枠を把握するのにユーザーがパッと見るのが「**見出し**」です。

「見出しを見ても何が書いてあるか読み取れない」このような記事の作りでは、読者はその記事を読む気が起きません。

見出しは「パッと見て何が書いてあるかわかるぐらい簡潔に」書くことがポイントです。

見出しだけピックアップして読んでも、記事の全体像が掴めるようになっているのが理想です。パッと見て内容がわかるようにしましょう。

・見出しの直後に画像を配置する

どうしても見出しの文言が伝わりにくくなってしまう場合は、大見出しのすぐ下に画像を置きましょう。流し読みのユーザーでも画像には目が止まります。

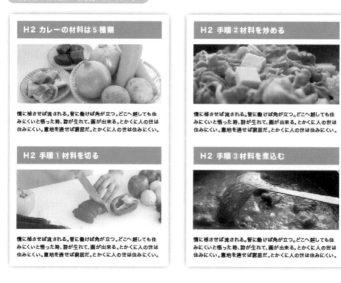

## ❷ 箇条書きで骨組みを作る

　見出しで大枠の構成を決めたら、各見出し内で伝えたいことも箇条書きで列記しましょう。「考えながら書く」のはとても時間がかかって非効率だからです。

　「ここではこの話をする」と決めておけば、各見出し内の中でも一貫性を保ったまま話をまとめることができますね。

メインコンテンツ：

└① ペルソナ（想定読者）を決定しよう
- 検索意図からペルソナをイメージする
- ペルソナの記事テーマに関する悩みを考えてみる
- ペルソナに刺さる文章のスタイルを採用する

└② 記事のアウトラインを決めよう
- 記事の目的を考える
- 記事のゴールは最初に考える
- 見出しを使って記事の大枠の構成を作る

└③ 要点を箇条書きにしよう
- 一貫性のない文章を書いてしまう原因
- 各見出しごとで伝えたい内容を箇条書きにする

└④ ライティングで肉付けしていこう
- 数字を使って説明する
- PREP法を用いて論理的文章を書く
- 読者の疑問に先回りした文章

└⑤ 文章の見直しをしよう
- 無駄な言葉を削る
- 文章の見た目を整える
- 声に出して読んでみる

あらかじめ見出しに沿った内容を箇条書きで決めておけば、ブレずに文章を書き進めることができます。

## ✒ 品質の高い本文の書き方

　構成案を作ったら、それに沿って文章で肉付けしていきます。大枠の方向性は構成案で完成していますが、文章を書く段階で品質を高くしたいですね。

　メインコンテンツの品質を高める方法はいくつもあるのですが、ここでは「特にコレだけは意識してほしい！」という３つのポイントをお伝えします。

　完成した構成案で方向性を固めて、次の３つのポイントを使い文章で中身を埋める、こうするだけでハイクオリティなメインコンテンツを作ることができます。

## ❶ 理由と具体例はセットで伝える

　メインコンテンツでは、各見出しごとに主張があります。「〇〇は××です」「わたしは〇〇だと思います」という具合ですが、これだけだと説得力が足りません。読者はいつでも「え？　ほんと？」「別の方法もあるのでは？」と、**疑問と反論を持ちながら文章を読んでいます**。

　そこで、主張には必ず「**理由と具体例をセットで伝える**」ようにしましょう。特に「理由」を添えることで、その主張の信憑性は驚くほど高まります。

　心理学でも、理由を添えることで主張を通しやすくする「**カチッ・サー効果**」は有名ですね。この効果は次のような実験で証明されています。コピー機の前で順番待ちしているところで、先にコピーを取らせてくれるようお願いしてみます。お願いの仕方は次のとおりです。

> **カチッ・サー効果の実験**

❶「先にコピーをとらせてもらえませんか」
❷「急いでいるので、先にコピーをとらせてもらえませんか」
❸「コピーを取らなければいけないので、先にコピーをとらせてもらえませんか」

この結果、理由を添えなかった❶の承諾率は60％であったのに対し、「急いでいるので」と理由を添えた❷では承諾率94％になりました。そして面白いのは「コピーを取らなければいけないので」という意味のわからない理由を添えた❸でも承諾率は93％だったといいます。理由を添えることで主張が通りやすくなる、とても良い例です。

### ・PREP法を活用する

　理由と共に具体例も添えてあげると、相手にとってその主張がさらにリアルになります。

例

❶ 〇〇は××です　（主張）
❷ なぜなら△△だからです　（理由）
❸ 例えばこのように〜するとこうなります　（具体例）

このような流れで話を展開する文章術を「**PREP法**」といいます。

PREP法

| P | POINT | 総論 |
|---|---|---|
| R | REASON | 各論（理由） |
| E | EXAMPLE | 各論（事例） |
| P | POINT | 総論 |

　PREP法については第7章で解説しますが、このように理由と具体例をセットで伝えることでメインコンテンツの品質を高めることができるのは覚えておきましょう。

## ❷「一次情報」でオリジナリティを高める

Web上の文章を書くとき、基本的に他の情報源（特にネット上のソース）を調べながら作業することがが多くなります。

ですが、他のサイト・ページから得た情報を集めただけの文章は品質が高いとはいえません。なぜなら、それは「**二次情報**」だからです。

一方、自分が直接得たオリジナル情報のことを「**一次情報**」といいます。第6章で後述する「SEOライティング」にも深く関わってきますが、すべての記事をオリジナル情報（一次情報）だけで書き上げるのは難しいでしょう。

SEOライティングは、Googleが認識する検索意図を記事全体に盛り込みつつ記事を完成させる必要があります。そのため、基本的には誰が書いても似たような内容になります。

オリジナル情報だけで構成された記事はGoogleのルールに則っておらず、検索結果で上位表示されなくてアクセスが集まらないからです。

### ・ルールに則っているだけではSEO的な評価がされない

しかし、最近のSEOでは**ユーザーの検索体験を最適化する**ことに重きが置かれるようになりました。

ルールに則っただけの文章より、オリジナリティの高い一次情報が求められるようになってきたのです。

　人々が求めている情報とは

- その人しか知らない情報
- 体験を伴った生の情報
- そこでしか見られない企画性の高い情報

ネット上のどの記事でも同じことしか書いていない中で、読者は情報のリアリティを求めているわけです。

ルールに沿いつつも、いかに「自分だけにしか語れない一次情報」を

記事に盛り込めるか、品質の高い本文を書くために、ぜひそれを念頭に置いておいてください！

## ❸信憑性を高めて説得力を持たせる

「一次情報でオリジナリティを高める」と説明しましたが、一人の人間がオリジナルで持っている情報には限度があります。

ほとんどの人が行動範囲も知識も限定的なので、あらゆることを際限なく体験して生の情報を出せる人はほぼいません。

では、どうするべきでしょうか。ネットで調べたことを軽くリライト（書き換え）して掲載するのがいいのでしょうか。

いいえ、そうではありません。

記事の信憑性を高めるには、**権威性や信憑性の高い情報源から引用**して文章を組み立てましょう。

自分より圧倒的に信憑性の高い、あるいは誰もが知っているような情報源から引用することで、メインコンテンツ本文の信憑性を高めて説得力を持たせることができます。

検索エンジンが「信憑性が高い」と評価しているサイトについては、第6章07「有益な外部リンクを使おう」で詳しく解説します。

# 04 | 記事のまとめ方

ここでは「記事のまとめパート」の作り方について解説していきます。記事の一番最後では、記事の内容をわかりやすく締めくくります。長い記事であればあるほど、読者は最初のほうに読んだ内容を忘れがちです。まとめパートがないと尻切れトンボになり、何がいいたい記事だったのかわからなくなることもあります。情報を整理してわかりやすく締めくくることで、記事の価値を読者に念押しすることもできます。

## 記事のまとめパートの目的

記事のまとめパートの目的は大きく分けて次の3つあります。

❶ 情報の整理
❷ 価値の念押し
❸ NEXTアクションの促進

## ❶ 情報の整理（情報を整理しまとめて提示）

書き手は「記事の最初から最後まで読んでもらえるだろう」と思って文章を書いていますが、実際は読者はほとんど読んでいません。

また、仮に読んでいたとしても、書き手が思うほど読者は内容を覚えていないのです。

そこで、記事の冒頭からメインコンテンツの終わりまでに解説したことを、一目でわかるように**コンパクトにまとめて最後に提示**することが重要です。

情報が整理されていれば、読者が気になった部分に戻ってじっくり読むこともあります。

## ❷ 価値の念押し

今読んだ記事が何について書かれたものか、そして結論は何だったのか、「記事を読んだのだからわかっているはずだろう」と考えるのは間違っています。

人は、一度読んだだけの情報ですべての内容を理解するのは難しいものです。反復して情報に接することで理解に結びつきます。

また、書き手が思うほど読者は文章を読んでいません。流し読みをしていたり、読み飛ばしたりしながら記事を読んでいます。

そのため、記事の最後でその記事の価値の念押しをしなくてはいけません。**記事の最後にまとめパートを置く**ことにより、記事を読んでどんな価値を受け取ったのか、読者は再認識できます。

## ❸ NEXTアクションの促進

Web上の文章の多くは目的があって作られています。例えば広告クリックだったり、自社商品の販売だったり、SNSのフォローだったりするかもしれません。

つまり「記事を読んでおしまい」ではないのです。ユーザーの読後の**NEXTアクションを促進**しなくてはなりません。

記事の価値を受け取った後にまとめパートが目に入るので、読者が行動を起こしやすい場所でもあります。

それが、まとめパートの3つ目の目的です。NEXTアクションを促す方法については57ページで解説します。

## ✒ まとめパートの作り方

まとめパートの作り方について具体的に解説します。大きくは「情報を整理すること」と、「次の行動につなげること」が目的です。

❶ 記事の要点をまとめる
❷ NEXTアクションを促す

この2つについて詳しく学習していきます。

## ❶記事の要点をまとめる

記事の最後に、記事で伝えたかったことをわかりやすくまとめていきます。

ポイントは3つ

**❶タイトルに対する答え**
**❷問題提起に対する答え**
**❸メインコンテンツの重要部分を簡潔にまとめる**

### ❶タイトルに対する答え

タイトルで提示した疑問・設問に対して、まとめパートで回答を提示いきます。

例えば次のタイトルであれば、この記事を読む読者が欲しい回答は何でしょうか。

タイトル例

**ブログ記事の書き方｜初心者でも高品質記事になる5ステップ**

「初心者でもできる質の良い記事の書き方を、ステップ形式でわかりやすく知りたい」こんなところです。

それがタイトルに対する答えなわけですから、まとめパートで簡潔にアンサーを返していきます。

### ❷問題提起に対する答え

タイトルとも似ていますが「問題提起」に対する答えもまとめパートで提示するとより親切です。

問題提起とは、リード文から始まり本文（メインコンテンツ）に入る前に、読者の抱えている問題点をあえて明示することを指します。

タイトル：
ブログ記事の書き方｜初心者でも高品質記事になる5ステップ

リード文：
今回は、初心者でも高品質なブログ記事が書けるようになる「5ステップ」を紹介します！
（リード文300〜500文字）

問題提起：
● 正しいブログ記事の書き方がわからない
● Webライティングを始めたばかりで質の高い記事の意味がわからない
● 初心者で記事を書くのに時間がかかってしまう
この記事では上記のような問題点を徹底的に解決していきます！

メインコンテンツ：
└① ペルソナ（想定読者）を決定しよう
└② 記事のアウトラインを決めよう
└③ 要点を箇条書きにしよう
└④ ライティングで肉付けしていこう
└⑤ 文章の見直しをしよう

まとめ：
質の高い記事をスピーディーに仕上げる方法を、5つのステップに分けて解説してきました。
正しいブログの書き方がわからずいきなり記事を書き始めていた方！
ぜひ今回紹介したようにペルソナ設定と下書きなどの準備をしてからライティングしてみてください！
今までは上から下に行くにつれてつじつまの合わないような記事だったものが、一貫性のとれた質の高い記事になります。
また下準備をしてからライティングすることで、質の高さは担保しつつスピーディーに書くこともできます。

「あなたの悩んでいることはこれですよね？」と、**メインコンテンツに入る前に文章で明示して問題提起**することで、読者は記事を自分事のように捉え始めます。

最後に問題提起に対する答えをまとめパートで明示すれば、読者も腑に落ちますし、記事に対する納得感も向上しますよね。

### ❸メインコンテンツの重要部分を簡潔にまとめる

1つの記事は複数の大見出しの集合体です。大見出しはメインコンテンツを構成する「章」のようなものです。

各章（各大見出し）にそれぞれ結論があり、結論部分を簡潔にまとめることで、全文を読まなくてもその記事の全体像が読者に伝わります。

例えば次のようにメインコンテンツ内の各章でもそれぞれ結論があります。

例

メインコンテンツ：

└① ペルソナ（想定読者）を決定しよう
　　→その記事のペルソナを決定し、その人の気持ちになって構成を作ろう

└② 記事のアウトラインを決めよう
　　→読者の検索意図をカバーした記事構成（アウトライン）を作ろう

└③ 要点を箇条書きにしよう
　　→各大見出しで伝えたいことを箇条書きにしてから執筆しよう

└④ ライティングで肉付けしていこう
　　→ ①②③の下準備に沿って実際に文章で肉付けをしよう

└⑤ 文章の見直しをしよう
　　→文章の読みやすさ・一貫性や文章のつながりを確認するため声に出して読んでみよう

ここをかいつまんで、まとめパートで整理して提示します。

記事の内容にもよりますが、長くなりそうな場合は表を使ってまとめるのも良い方法です。

## ❷ NEXT アクションを促す

53ページでも少し説明しましたが、まとめパートではユーザーにNEXTアクションを促します。

Web上の記事には目的があります。記事を読んでもらったうえで、商品を購入してもらったり、メルマガの登録をしてもらったりするといった目的があるのです。

例えば、多くの記事には次のような目的があります。

**記事の最終目的の例**

- 案件の紹介
- 自社商品の申し込み
- メルマガリストの獲得
- 公式 LINE の登録
- SNS のフォロー
- 関連ページへの遷移

このような**行動の後押し**をまとめパートで促します。

まとめパートの配置場所は記事の一番下ですが、記事下は読者にリンクをクリックしてもらいやすい場所です。

さらに、記事の一番下まで読み終えたユーザーの熱量は高く、行動する確率も高くなります。

次の例のような形で自然に誘導することができます。

まとめ：

質の高い記事をスピーディーに仕上げる方法を、5つのステップに分けて解説してきました。

正しいブログの書き方がわからずいきなり記事を書き始めていた方！

ぜひ今回紹介したようにペルソナ設定と下書きなどの準備をしてからライティングしてみてください！

今までは上から下に行くにつれてつじつまの合わないような記事だったものが、一貫性のとれた質の高い記事になります。

また下準備をしてからライティングすることで、質の高さは担保しつつスピーディーに書くこともできます。

この記事で全体像がよくわかったけど、一人で実践するのは不安だという人もいますよね。

本当に正しいのかわからなかったり、添削でアドバイスが欲しかったり……

そんな方には私が運営している「KYOKO先生のビジネス学園」がおすすめです。

ライティングに関する授業だけでも60を超えるコンテンツがあり、Webの文章を網羅的に学習できます！

「KYOKO先生のビジネス学園公式ページはこちら」

記事のテーマにマッチしたNEXTアクションを、まとめパートで促しましょう！

# 第3章

# Webライティング
## テクニック②
### ―記事の目的やペルソナ設定

Webで読まれる文章には、一般の文章とは違った特徴があります。基本的に「インターネットユーザーは離脱しやすい」という特性を理解すると、紙媒体の書き方とは大きく違うことがわかるはずです！
ここでは、Webに特化したライティングのテクニックを学習しつつ、基礎を身につけていきましょう。

## 01 記事の目的を考える

記事を書く前に、その記事の「目的」を考えましょう。最終着地点を決めてから骨組みを整え肉付けしていくように、逆算思考で文章を組み立てていきます。記事のタイプによって目的も変わってきますが、最終結論と最終アクションが決まっていると、それに向けた文章が作れるようになります。全体の一貫性やまとまりを高めるためにも、記事の目的を事前に考えてみましょう。

### ✒ 記事のタイプを考えよう

　記事の目的を決める際に参考になるのが、**「記事のタイプ」**です。記事には大きく分けて4つのタイプがあります。

> ４つの記事タイプ

- 行動したい：**目的の行動を起こしたい**
- 行きたい：**目的の場所に行きたい**
- 知りたい：**わからないことを解決したい**
- 買いたい：**商品を購入したい**

　この目的に沿ったゴールを決めることで、違和感なく話を進めることができます。

　例えば「知りたい」の記事タイプで、ゴールを「商品紹介」に置くのはズレていますよね。

　次のように「薄毛の原因を知りたい」といった「知りたいタイプの記事」で、育毛剤を紹介するのは無理矢理感があるということです。

「原因を解説する記事」なのにゴールが商品紹介になっている

この記事での最適なゴールは「薄毛の原因についてしっかりと読み手に情報を伝えること」です。

どうしても目的を商品紹介に置くのであれば、この記事から「買いたいタイプの記事」へバトンをつないであげることですね。

## カスタマージャーニーマップ

ユーザーが購買するまでプロセスを表現するフレームワークに「**カスタマージャーニーマップ**」というものがあります。

ユーザーは多くの場合

「**気づき**」（認知。場合によっては自身の問題の自覚など）

「**具体案・解決法**」（どのようにしたら問題解決できるかを調べたり考えたりする）

「**比較検討**」（商品を調べて比べる）

「**行動**」（購買）

という段階を経て商品を購入します。

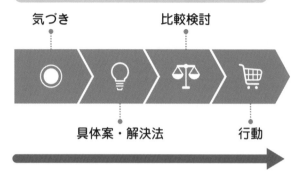

カスタマージャーニーマップ（ユーザーの心の流れ）

気づき　　　比較検討

具体案・解決法　　行動

　記事の目的が「商品紹介」の場合、「比較検討」や「行動」のフェーズに入っている読者にはその記事が刺さります。

　しかし「気づき」や「具体案・解決法」のフェーズの読者には刺さりません。なぜなら、そのようなユーザーは記事タイプでいうと「知りたい」だけの人であり、購入を迷っている段階ではないからです。

　記事タイプに合った目的を見定めましょう！

読者をどこに誘導したいかによって、記事タイプが変わってきます。適切な記事タイプを選ぶことで読者に刺さる記事になります。

## 最終結論は先に決める

　**記事の最終結論を先に決めてから「下地作り➡執筆」と進めましょう。**「記事で1番伝えたいことは何なのか」を決めてから中身を埋めていきます。

記事の結論を先に決める

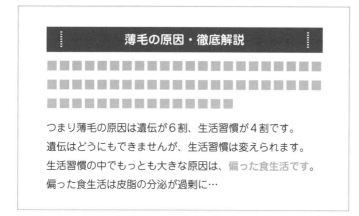

先の例でいえば、薄毛の原因についての記事であれば、ここでは「原因は偏った食生活です」が最終結論です。

ここを最初に決めてから、逆算して大見出しの構成に入っていきます。

結論から逆算して見出しを作っていく

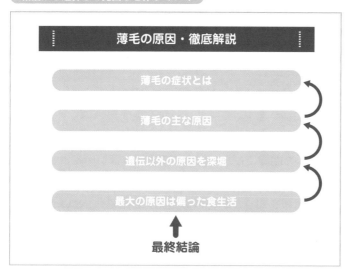

最終結論にたどり着くことを目的に構成を整えていけば、絶対に話がぶれません。

初心者の多くは、執筆の際に最終結論を決めずに成り行きで筆を走らせてしまい「結局なにが言いたかったんだっけ……？」と迷子になりがちです。その結果、何度も同じことを書いたり、話が二転三転するわけです。

それを防ぐためにも、ゴールに向けて逆算で文章を組み立てる思考を身につけましょう。

## 🖊 最終アクションを考える

書き手としては、ただ記事を読んでもらうだけが目的ではありません。記事を読んだあとのユーザーに、**なにかのアクションを起こしてもらうこと**が必ず目的にあります。

### よくある目的のアクション

- 商品紹介
- リスト収集
- SNSのフォロー
- 関連記事への誘導

このような目的を達成するために、多くは「**CTA**（コールトゥーアクション）」を記事内に置きます。CTAとは行動を促すPRです。

CTAは一般的に「目次上」「記事内の関連する箇所」「記事下」に設置されます。ただ、これも闇雲にどんな記事にでも置けばいいというものではありません。

前述した通り、情報を知りたいだけの人に「商品紹介」というCTAはふさわしくありません。

もしその記事が購買から離れているテーマを取り扱っているなら、より購買に近い記事へバトンを繋ぐべく「関連記事への誘導」をCTAにするべきです。

## 読者にしてほしいアクションから 逆算して記事タイプを決める

逆に**アクションから考えて記事を決める**方法もあります。

「この商品を紹介したい」そう思うなら、それに適した記事タイプを選定すればいいわけです。例えば「おすすめの育毛剤5選」というテーマの記事なら、商品を紹介してもなんの違和感もありません。

記事の目的に合わせて記事タイプを選択する

リスト（顧客リスト）を集めることが目的の記事であれば、LINEやメルマガのコンテンツと関連性の深いテーマで書きましょう。

SNSフォローを集めたいなら、SNSの投稿をコンテンツのベースにするなど工夫ができます。

このように最終アクションをベースに、記事のタイプを決めたり、記事の全体構成を決めることもできるのですね。

# 02 | ペルソナ（想定読者）を イメージする

記事を書くときは、読み手をイメージして文章を考えます。書き手と読み手の両者が存在する以上、相手のことを考えて作らなければ刺さるコンテンツにはなりませんよね。そこで事前に行うのが「ペルソナ（想定読者）」設定です。「その記事を読むのはどんな人なのか？」を詳細にイメージすることで、読み手に響く内容や文章が書けるようになりますよ！

## ✒ ペルソナ設定の方法

「ペルソナ（想定読者）」設定の方法は次の3ステップです。

> ペルソナ設定の3ステップ

❶ 読者がなぜその記事のテーマについて知りたいのか考える
❷ 人物像をイメージする
❸ 必要なコンテンツを考える

1つずつ見ていきましょう。

### ❶ 読者がなぜその記事のテーマについて知りたいのか考える

その記事に興味を持ったり、検索したりする人はどんな人でしょうか。**「記事のテーマ」→「人物像」**の順番で考えてみましょう。

なお、記事の執筆の際にときどき「人物像」→「記事のテーマ」といった逆の順番で考える人がいます。しかし、これはブログなどの全体設計をするときに使うやり方です。全体設計については専門的かつ複雑になるので、ここでは割愛します。

記事単体のペルソナ設定をする際は「記事のテーマ」から「人物像」を洗い出す順番で行いましょう。

例えば「薄毛の原因・徹底解説」という記事に興味を持つ人物について考えてみましょう。

薄毛の原因・徹底解説記事に興味を持つ人物像

「最近髪が薄くなってきた気がする」「肉親に薄毛の年長者が多い」といった、薄毛に悩みを持つ人が「薄毛になる原因」を探していると推測します。

何も問題を感じていないのに興味を持ったり調べるようなテーマではないですよね。

## ❷ 人物像をイメージする

次に❶を踏まえて人物像をイメージします。

ちなみに、よく似ている言葉で「**ターゲット**」と「**ペルソナ**」があります。しかし、ターゲットとペルソナは似ているようで違います。

ターゲットとは対象ユーザー層を指し、ペルソナは想定人物像を指します。

| ターゲット | ペルソナ |
|---|---|
| 30代男性 | ・佐藤 良男<br>・35歳<br>・独身<br>・住宅営業<br>・年収350万円<br>・悩みは彼女が<br>　いないこと<br>・YouTubeを<br>　よく見ている |

　ここではざっくりとしたターゲットではなく、詳細にペルソナをイメージしていきます。

薄毛の原因について興味のあるペルソナの詳細とは

| 基本データ | 薄毛に関する個人の詳細 |
|---|---|
| ・佐藤 良男<br>・35歳<br>・独身<br>・住宅営業<br>・年収350万円<br>・悩みは彼女が<br>　いないこと<br>・YouTubeを<br>　よく見ている | ・最近おでこが広くなった気がする<br>・気のせいなのか薄毛の予兆なのか<br>　知りたい<br>・自分の父親も髪の毛が薄い<br>・遺伝で自分もハゲるのか心配<br>・とにかくこうなった原因を<br>　知りたい<br>・これ以上の進行を食い止める<br>　方法はないか |

　薄毛の原因について興味を持ち始めるターゲット（30代男性）の中で、もっとも一般的なユーザーをペルソナとします。

35歳の佐藤良男さんは、住宅営業の仕事をしながら年収350万円もらっている一般的なサラリーマンです。

周りがどんどん結婚していく中、自分は独身で彼女がいないことに悩んでいます。

仕事の休憩や家に帰ってからは、YouTube を見て過ごしています。

そんな中、毎朝身支度を整えているとき鏡を見て自分のおでこが広くなったことに気づきました。

周りから指摘されたわけではないので、気のせいなのかもしれないですが、明らかに生え際が後退した気がしています。

自分の父親も髪の毛が薄いため、遺伝子的に自分も若いうちからハゲるのでは？ と心配しています。

「遺伝が原因なのか？ 自分に何かできることはないか？」

原因を知り、これ以上の進行を食い止めたいと思っています。

　今回はこのようにペルソナのストーリーを考えました。どうでしょう。よくありそうではないでしょうか。

## ❸ 必要なコンテンツを考える

　ここまで出たら、あとはこのペルソナの悩みを解消するコンテンツを考えるだけです。

ペルソナの悩みを解消するコンテンツ

- 薄毛の定義
- さまざまな薄毛の原因
- 遺伝以外の原因を深堀り
- 生活習慣で薄毛を防ぐ方法

ペルソナの薄毛に関する悩みを考えると、このようなコンテンツを提供することで解決してあげられそうです。

　自分が薄毛かどうか悩んでいる段階なので、まずは「薄毛の定義」を記事ではっきりさせます。「ここまで来たら薄毛のサインだよ」というものです。

　次に、本題である「薄毛の原因」について触れていきます。一口に薄毛の原因といっても、1つだけではなく複数ありますよね。いったんそれらをすべて提示した後、自分の力で何とかなる「遺伝以外の原因」について深堀りしていきます。

　ペルソナは「何とか自分の力で進行を食い止めたい」と思っていますからね。

　そこで「生活習慣を見直すことで薄毛を防ぐ方法」について解説して締めます。薄毛を防ぐための生活習慣について解説する場合も、年収350万円の一般的なサラリーマンのライフスタイルを想像しながら「ペルソナのできそうな方法」で提案していくといいですね。

　このように**ペルソナを明確にイメージ**することによって、相手にとって必要なコンテンツを過不足なく提供することができます。

## ペルソナをイメージするメリット

　ペルソナをイメージするメリットは次の3つがあります。

> ペルソナ設定の3つのメリット

❶ 読み手の悩みが理解できる
❷ 読み手に合った文章が書ける
❸ 最適なアクションが見つかる

　事前にペルソナ設定をすることで、読み手の気持ちに沿った内容にすることができます。1つ1つ解説していきます。

# ❶ 読み手の悩みが理解できる

ペルソナをイメージすることで、読み手の悩みが理解できます。ターゲット設定と異なり、**ペルソナ設定は「たった一人」の人物像をイメージ**して考えます。たった一人に向けて文章を書くわけですから、訴求や内容の照準が定まりやすいわけです。

たくさんの人に向けた文章を書こうとすると、AさんにもBさんにもCさんにも刺さる文章を考えなくてはいけません。

ですが、そのような都合のいい訴求はそうそうありません。**「みんなに刺さる文章」は「誰にも刺さらない文章」と同義**です。

だからこそ、たった一人のペルソナをイメージしてその人だけに文章を書こうと思えば、おのずと悩みの理解も深まるものです。

# ❷ 読み手に合った文章が書ける

例えば「10代の女子」と「20代の男性」、あるいは「50代の女性」に向けた内容では、言い回しも言葉遣いも違ってくるはずです。

ご年配向けの記事や専門性が高く難しい内容の記事であれば、堅めの印象を受ける文章のほうが良かったりします。

しかし、10代や20代の若年層に向けた記事では、流行りの言葉やトレンド性の高い内容、あるいは彼らが日頃使うSNSとの連動が刺さるでしょう。

このようにペルソナを事前に決めておくことで、**相手にとって受け入れられやすい文章**を作ることができます。

# ❸ 最適なアクションが見つかる

ペルソナを設定して相手の悩みが理解できれば「最適なアクション」が見つかります。

例えば先ほどの「薄毛の原因」について知りたいペルソナであれば、最適なアクションは「自分でできる薄毛の改善方法の深掘り記事へ誘導」かもしれません。逆に「おすすめの育毛剤」について知りたいペルソナであれば、最適なアクションは「商品の紹介」になります。

最適なアクション

➤➤ 最適なアクションが違う ◂◂

　ペルソナの立場に立てば、次に欲しい情報が何なのか見えてきますよね。ここでその記事のペルソナにとって親和性の低いアクションを選んでしまうと、行動してもらえないどころか嫌われてしまいます。

　親切な誘導をするためにも、ペルソナをイメージすることは大切です。

## ✒ ペルソナ設定後の活用方法

　ペルソナ設定した後、それを文章にどうやって活用していけば良いのでしょうか。ここではそれを深掘りして解説していきます。ペルソナ設定は大きく次の2つに活用できます。

2つのペルソナ設定の活用方法

❶ ベネフィットの訴求
❷ 疑問の声に先回りする

　詳しく見ていきましょう。

# ❶ベネフィットの訴求（ベネフィットライティング）

　人の欲求には「表面上のニーズ」と「奥に隠れたニーズ」があります。表面上のニーズは「**顕在ニーズ**」と呼ばれ、奥に隠れたニーズは「**潜在ニーズ**」と呼ばれます。ペルソナが明確化すると、潜在ニーズに気づくことがあります。

　似たような事柄に「**メリット**」と「**ベネフィット**」という言葉があります。メリットは「表面上のニーズが満たされたときの恩恵」のことで、ベネフィットは「実は満たしたい隠れた欲求」のことです。

　例えば、育毛剤を購入したいユーザーは、なぜそう思うのでしょうか。育毛剤が欲しいからでしょうか。

　いいえ、それはただのメリットです。

　「価格が安いから」とか「成分がすごいから」などといった表面的な項目ですよね。

　本当のところ、なぜ育毛剤を欲しがるのでしょうか。その答えを知るためには、顕在ニーズに何度も疑問を問いかけていけばわかります。

> 例

　Q：どうして育毛剤が欲しいんですか？
　A：髪の毛を生やしたいからです

　Q：どうして髪の毛を生やしたいんですか？
　A：かっこよくなりたいからです

　Q：どうしてかっこよくなりたいんですか？
　A：モテたいからです

　Q：どうしてモテたいんですか？
　A：愛されたいからです

結論、育毛剤が欲しい本当の理由は「愛されたいから」という承認欲求から来ていることがわかります。このように潜在ニーズに訴えかけたライティング訴求を「**ベネフィットライティング**」といいます。

　ここがわかっていると、育毛剤の成分や価格やパッケージのオシャレさについて、くどくど説明する必要がないのがわかるでしょう。

　「その育毛剤を使った先に待っている未来」にこそフォーカスして文章を書くべきです。

　ペルソナ設定をしておくことで、**読み手の本当のニーズに寄り添った文章**が書けますよ。

## ❷疑問の声に先回りする

　私たちは、文章を通して読み手を納得させられると思いがちです。しかし実はそうではありません。

　**ほとんどの人は文章を読みながら、いつも疑問を抱いて心の中で反論を唱えています。**

　自分に置き換えて考えてみましょう。

　ブログ記事などを読んでいるとき、簡単に納得はしていないはずです。「えー？？？　ほんとかなあ……」「AはそうでもBの場合はどうなるの？」などと心の中でつぶやいているはずです。

　ペルソナ設定がクリアになると、この心の声が聞こえるようになります。

　ペルソナが初心者であれば、難しい表現には疑問を抱くでしょう。何かに迷っているペルソナであれば、選択肢が欲しいかもしれません。

　これに先回りして答えていくイメージです。

　読み手は、疑問や不安などの引っかかりを残したまま最後のアクションをとってくれることはありません。

　だからこそ、**ペルソナが思うであろう疑問の声に先回りして文章を書く**必要があるのですね。

# 03 紙媒体とは違う Webライティングの前提ルール

Web上の文章は、本などの紙媒体とは違ったルールがあります。書籍や雑誌の文章は、お金を払って能動的にじっくり読むのに対し、Web上の文章は大量にある情報の中から自分の知りたいことだけをサクッと読む傾向があります。そんな前提があるからこそ、Webならではのライティングルールが存在します。この前提ルールはどのような状況でも当てはまるので、必ず覚えておきましょう。

## 1テーマ・1つの答え

Web上の記事は「**1テーマにつき1つの答え**」の構成にするのが基本中の基本です。これは、後述するSEOでも重要な考え方です。

**初心者がやりがちなミス**

❶ 1つの記事に複数のテーマを入れ込んでしまう
❷ 1つのテーマに複数の答えを入れ込んでしまう

### ❶1つの記事に複数のテーマを入れ込んでしまう

#### ・テーマが混在する記事はNG

次ページの図のように、**欲張ったテーマの記事は読者を混乱**させます。

何を伝えたいのかよくわからないし、テーマが複数あるということは、答えも複数必要なケースがほとんどです。

美容と健康について
ダイエットの方法や薄毛の原因も
徹底解説

複数のテーマが混在する記事はペルソナも定まりません。

ペルソナが定まらないと、的確に刺さる記事が書けなくなるので、良いことはありません。

また、インターネットユーザーは情報を得るのに労力がいらない分、アクセスした記事に不要な情報があるとわかると、すぐに離脱するリスクがあります。

そのため、**記事は基本的に1テーマで書くべき**です。

テーマが複数あるコンテンツは、SEO的にも不利になります。検索結果で上位表示されないため、結果的にアクセスが少なくなります。

## ❷1つのテーマに複数の答えを入れ込んでしまう

### ・複数の答えがある記事はNG

また、テーマは1つでも、複数の答えがある記事もよくありません。

テーマは1つだが、答えが複数ある記事

伝えたいことが
たくさんすぎる！

NG

#### 薄毛の原因・徹底解説

薄毛の原因は遺伝もありますが、

睡眠不足も原因ですし、

ストレスも原因ですし、

食生活も原因ですし、

運動不足もダメです。

おすすめのシャンプーはこちら！

育毛剤ならコレがおすすめです！

AGAクリニックに行きましょう！

結論が複数あるということは、伝えたいことが複数あるということです。読者の立場だと結論が曖昧に見えます。

「薄毛の原因は？」 ➡ 「遺伝以外なら生活習慣」

これぐらいシンプルでダイレクトなアンサーが必要です。

わかりやすく伝わりやすい構造で、忙しい読者に読みやすいコンテンツになります。

# 起承転結はいらない

Webライティングにおいて「**起承転結**」は必要ありません。

ネットで情報を得ようとしているユーザーにとって、調べものの答えが文章の一番下にあるのは不親切だからです。

## 結論は先に書く

検索エンジン経由でアクセスするユーザーは、「答えだけを知りたい」とすら思っています。

例えば「ボールペン 消し方」で調べているユーザーが、検索結果からアクセスしたページで、具体的な消し方を書いている部分だけをピックアップして探しているとき、仮にそのページに回答があったとしても、答えがページの下にあるほど離脱率が高まります。

Webライティングにおいては「**答えは最初に書く**」ことが鉄則です。

最初に答えを示した後、「なぜなら」と理由を説明したり、さらに気になる情報へ誘導するようにして、記事の最後まで読み進めてもらうようにしましょう。

## 結論を先に書くメリット

Webライティングにおいて結論を先に書くことには次のようなメリットがあります。

1. 記事の目的がはっきりする
2. 必要な文章だけ読める
3. 離脱率が低くなる

最初に結論を書くことで、記事の目的がはっきり読者に伝わります。また、最初に結論があるので、説明を誤読される恐れも少なくなります。

　仮に説明部分に間違いがあっても、結論が最初に書いてあるので読者が迷うことがなくなります。

　重要な内容ほど記事の冒頭で説明し、記事を読み進めるほど詳細な情報になっていく。**Web上の文章の重要度は、逆三角形の構成**であることが望ましいのです。

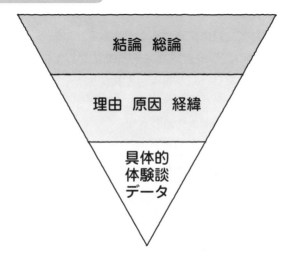

記事は逆三角形の構成が理想

　結論を先に書くのは、記事全体でもそうですし、見出し単位の記述でも同様です。

　文章全体の冒頭でその記事の主軸となる結論を書きます。各見出しの冒頭でも、その見出しに対する結論から入ります。

　このような構造を意識すると、読みやすく伝わりやすい文章が自然に書けます。

## ✒ 「簡潔に」が基本

**Webライティングでは簡潔さが重要**です。往々にして初心者は書きすぎてしまいがちです。

**多くの初心者がやりがちなこと**

- 書きすぎてしまう
- 伝えすぎてしまう
- 足しすぎてしまう

このように、記事で多くの情報を伝えようとしてしまいますが、伝えることが増えるほど文章は読みづらくなります。

1つの文節が異常に長かったり、1テーマに対して複数の回答がある記事になってしまったり、話が脱線して余談が多くなったり……。

初心者は、調べたことを全部書いてしまったり、親切のつもりで情報を詰め込みすぎてしまう傾向にあります。

実は、記事を書く上では複雑にするほうが簡単で、複雑なことをシンプルに表現することのほうが難しいのです。

- 無駄のない表現
- ダイレクトな答え
- シンプルな文章構成
- パッと見で理解できる文章の長さ

このように足し算ではなく引き算で考えると、簡潔でわかりやすいコンテンツが作れます！

# 第4章

# Webライティング
# テクニック③
## ─読みやすい文章のコツ

「ネットのコンテンツではわかりやすさが第一」とこれまで繰り返し解説してきました。では、わかりやすい文章はどのように書けばいいのでしょうか。これは、日本語的観点と文章の見た目の観点の2つで表現できます。いくつかコツがあるので、意識して文章を書いてみましょう！

# 01 文章表現の統一

Webライティングをするときに気をつけてほしいのが「文章表現の統一」です。1文1文の表現方法がバラバラだと、記事全体の一貫性や秩序が感じられず、まとまりがなくなります。一般的な文体には「です・ます調」や「だ・である調」がありますが、個人のブログだと「話し口調」の場合もあります。重要なのはそれらを混ぜないことです。文章表現を統一してまとまりのある文章を書きましょう！

## ✒ です・ます調（敬体）

「**です・ます調**」は「**敬体**」と呼ばれ、もっとも一般的な文体です。文末が「〜です」「〜ます」で終わる文章で、馴染みが深いでしょう。

です・ます調は丁寧な言い回しで表現される文章様式です。Webの文章ではこのです・ます調がもっとも多く使われていますね。

**です・ます調**

今日の晩御飯のメニューは、カレーライスです。
材料には、玉ねぎ・じゃがいも・人参・お肉を入れます。
子供達は、今からとても楽しみにしています。

です・ます調はとても**オーソドックスな表現**です。
くだけすぎず、堅すぎず、なおかつ敬語なので**丁寧な印象**も残りますね。

## ✒ だ・である調（常体）

　「**だ・である調**」は「**常体**」と呼ばれ、敬体と比べると堅い印象を受ける文体です。文末が「〜だ」「〜である」で終わるので、**簡潔かつ説得力**を持たせることができます。

　**権威的な印象を与える表現方法**です。

`だ・である調`

　今日の晩御飯のメニューは、カレーライスだ。
　材料は、玉ねぎ・じゃがいも・人参・お肉である。
　子供達は、今からとても楽しみな様子だ。

　だ・である調の文章を使う代表的な媒体は新聞です。文章は断定的な物言いになるので、読み手に厳しめのイメージを与えます。

　世代によって印象が異なるかもしれませんが、年配の人がかしこまった内容について書いた文章という印象を受ける人が多いかもしれません。

　ペルソナが若年層の場合にこの文体を使うと、堅苦しく感じてしまうかもしれませんね。

　なお、権威性が高く公平性が高い文章になるので、広告対象と距離を取りたい記事の場合は常体が良いかもしれません。


## ✒ 話し口調（口語体）

　砕けたフレンドリーな印象を与える「**話し口調**」の文章は「**口語体**」と呼ばれ、親近感と共感が得られる文章表現です。

　企業サイトや情報提供型の媒体ではなく、個人の意見を主体としたブログであれば話し口調もありですよね。

　友達同士で話しているような親近感が湧きます。

> やっぱり今日の晩御飯はカレーライスにする！
> 材料は、玉ねぎ・じゃがいも・人参・お肉という……
> なんともスタンダードなレシピ。
> でも、子供達は「今から楽しみ！」って言っている。

堅苦しさがまったくないので、リアリティも強めで生の情報のように見えるのもメリットですね。**親近感や共感・リアリティ**を集めることができるため、やはり個人の媒体に向いています。

個人ブログでは、方言を使った文章表現をする人もいますね。

## ✒ 文体は混ぜないで統一する

**敬体、常体、口語体などの文体が混ざらないようにする**ことも重要です。記事全体を通して文体は統一しましょう。

1行目が「です・ます調」で、2行目が「だ・である調」で、3行目が「話し口調」、このような文章だと統一感がなく説得力も出ませんよね。

> 今日の晩御飯のメニューは、カレーライスです。
> 材料は、玉ねぎ・じゃがいも・人参・お肉である。
> 子供達は「今から楽しみ！」って言っている。

一人の人が書いたとは思えないバラつきのある文章ですよね。同じ記事で使う文体は1つに統一するべきです。

なお、記事の中で吹き出しを使う場合に話し口調の文体を混ぜるのは大丈夫です。記事の文章はです・ます調で書き、リアリティを出すため要所要所で吹き出しを使って話し口調でまとめるイメージです。堅苦しさを中和することもできるので、文体を混ぜる場合はこのようにアクセントで使うようにしましょう。

# 02 | 文末表現を豊かに

文章の最後は、その一文の印象を決める鍵となります。同じ文末表現（語尾）を繰り返したり、曖昧な文末表現を使いすぎると、稚拙で説得力のない文章になってしまいます。ここでは、語尾にバリエーションを持たせることと、言い切りの大切さについて解説していきます。これらのテクニックを文末に加えるだけで、ワンランク上の文章が書けるようになります。

## 語尾にバリエーションを持たせる

　ネット上の文章を見ていると、同じ文末表現（語尾）が連続しているのを稀に見かけます。

**同じ語尾が連続している文章**

今日は1月1日です。
天気は晴れです。
公園に遊びに行くつもりです。
晩御飯はカレーです。
いつも9時に寝る習慣です。

　こんなふうに「です。」が連続したり、「ます。」が連続したりすると読みにくいですよね。
　**同じ語尾を繰り返し使うのは避けましょう。**
　語尾としてよく使う基本的な表現だけでも次のとおりあります。

| 親和 | ・ですね　　・ますね<br>・ですよね　・ますよね |
|---|---|
| 提案 | ・しましょう |
| 疑問 | ・〜ではないでしょうか |
| 推測 | ・〜でしょう |
| 否定 | ・ではありません |
| 会話 | ・「〇〇」と。 |
| 体言止め | ・文末が名詞で終わる |

　これらを、なるべく**同じ表現が連続しないように使い回してみましょう**。文章にリズムが生まれ、とても読みやすくなるはずです。

　どうしても文末表現が連続する場合は、2回ぐらいまでにしましょう。

　3回同じ文末表現が連続すると、くどい印象になるので別の文末表現を使いましょう。

執筆中は気づきにくいかもしれないので、ひととおり書き上がってから、通してチェックすると効率的かもしれません。

## ✒ 言い切るのが大事

　ライティング初心者は、内容に自信がないためか「〜だと思います」「〜かもしれません」「〜だったはずです」のように、文末表現を曖昧にしがちです。

　曖昧な文末表現が多いと、文章全体の信憑性が大きく下がります。

　そこで「**言い切る**」ことが大事です。

　「です！」「ます！」と言い切ると、書き手の自信も伝わってきます。

　もちろん、不確かな情報を何でも言い切るのは良くありません。

　また、曖昧な文末表現を1回でも使ったらアウトということでもありません。

### 言い切るのが難しい場合は、信憑性の高い情報を引用する

　記事を書く前提として、言い切れるだけの自信を持って伝えられる調査は必須です。

　また、もしそれが難しいのであれば、**信憑性の高い情報を引用**するべきです。

　他にも、前述したように文末表現は複数あるので、他の言い回しができないか検討してみるのも1つの手ですね。

- 伝える内容に自信がないなら、自信をもって伝えられるまで調べ尽くす
- 自分の力でどうすることもできないときは他の情報から引用する
- 曖昧にならない表現方法と言い回しを再考してみる

　できるだけ、自信のない文章にならないようにしましょう。

## 03 | 1センテンス・1メッセージ

「Webの文章はできるだけシンプルに」が基本です。それは文節においても同じで、1つのセンテンス（文節）に1つのメッセージが最適です。ときどき1文の中にたくさんのメッセージを含めている文章を見かけますが、読み手は何が重要なポイントなのか理解できなくなってしまいます。これを防ぐためにも、文節をいかにシンプルにするかを学びましょう！

###  1つの文章に意味は1つだけ

「1センテンス・1メッセージ」これは日本語でいうと**「一文一義」**という意味になります。

1つの文には、1つの意味を持たせます。1つの文とは、書き始めから句点（。）までの文章の塊をいいます。

悪い例として、次のだらだらと長い文章を見てください。

> **悪い例** Webライティングはネット上で文章を書く技術で、紙媒体の文章とは違いますが、ネットを使ったビジネスをするのであればもっとも必要なスキルであり、1番初めに身につけるべき技術です。

一文の中にたくさんのメッセージが混在していて、わかりにくい文章です。

この文章には次のようなメッセージが混在しています。

1. Webライティングはネット上で文章を書く技術
2. 紙媒体の文章とは違う
3. ネットを使ったビジネスをするのであればもっとも必要なスキル
4. 1番初めに身につけるべき技術

それでは、先ほどの文章を一文一義でリライトしてみます。

Webライティングはネット上で文章を書く技術です。
紙媒体の文章とは違う特色があります。
ネットを使ったビジネスをするのであれば、もっとも必要なスキルかつ、1番初めに身につけるべき技術ともいえます。

スッキリ読みやすくなりました。
　書き始めから句点（。）までの文章には、1つのメッセージを心がけましょう！

## 1文が長すぎるのはNG

　一文の長さは長すぎてもよくありません。
　長くダラダラ続く文章は読み手に負担をかけますし、文意が混在するなど間違いの元にもなります。
　また、文章が短すぎても読みにくくなるものです。適切な長さを心がけましょう。

### 見やすい一文の適切な長さ

　適切な一文の目安としては**60文字以内**にするのが理想です。
　どうしても長くなってしまう場合は、「しかし」「または」など接続詞を使って文章を2つに分けましょう。

## ・スマホに最適な一文の長さ

また、スマホユーザーを意識した記事の場合、一文の長さは40〜50文字を目安にします。

パソコンと比べて一行の文字数が少ないので、同じ文字数でもスマホのほうが長い文章に見えます。そのため、パソコン向けの記事よりも一文を短めにするのです。

**パソコンで見た50文字の文**

ああああああああああああああああああああああああああああ
ああああああああああああああああああああああ

**スマホで見た50文字の文**

ああああああああああああああああああああ
ああああああああああああああああああああ
ああああああああ

50文字であれば、1行が21文字のスマホからでも3行で収まるので、負担なく読むことができます。

「1文は60文字以内」を意識して書き、スマホ向けであればさらに40〜50文字にする。ぜひこれを意識してください。

「長い文章は読みづらい」ことを意識して、一文一義で簡潔な内容にします。さらに一文の長さも意識しましょう。

# 04 | 数字で示す

情報を整理された印象で伝えるためには「数字」で示すのが有効です。数字で示されると読者の印象に残りますし、根拠を示すことで説得力も増します。ここでは数字を使った文章の書き方について学習していきましょう！

## ✒ 話のポイントを数字で示す

　曖昧な根拠のまま説明を続けるよりも、**話のポイントを数字で示しましょう。**

　「Webの文章に起承転結はいらない」と同じ原理ですが、最初に結論を述べてから具体的に掘り下げていきます。

> ▎**ポイントを数字で示す例**
>
> **Webライティング力を高めるには次の3つのポイントが重要です。**
>
> **1. ペルソナを意識すること**
> **2. 文章構成にこだわること**
> **3. シンプルな文章を書くこと**
>
> **ここから1つずつ解説していきます！**

　話のポイントを最初に数字で示されると、これからどんな話が展開されるか見通しが立ちます。

　さらに情報が整理されて見えるので、わかりやすく説得力の高い文章になりますね。

## ✒ 数字を使って具体的な表現をする

「大きい」「早い」「多い」などの言葉は、人によって捉え方が違ってきます。

これを数字で示すことで、読者にわかりやすく伝えることができます。

**数字を使って具体的な表現にする**

- けっこう遠い ➡ 歩いて20分以上かかる
- しばらく休む ➡ 1ヵ月休む
- 少し点数が足りない ➡ 点数が10点足りない
- 古い旅館 ➡ 300年続く老舗の旅館

文章では、いくらでも曖昧に表現することができてしまいます。

そこをしっかり数字で示すことで、説得力も生まれて具体的にイメージしやすくなりますよね。

記事を読んでもらっても、実際に伝わらなかったら意味がないわけです。

読者が頭の中でイメージしやすいように、できるだけ具体的な数字を使った表現をするように心がけていきましょう。

数字で示すことは、曖昧な表現を避けて簡潔に内容を伝えることにもつながります。数字を示して読者に伝わる文章にしましょう。

# 05 こそあど言葉を使わない

「こそあど」とは「これ・それ・あれ・どれ」などの指示語のことです。こそあど言葉は抽象的な言葉なので、読み手に文章の意味を推測させる形になります。どうしても使ってしまう場合もありますが、極力こそあど言葉は使わないようにしましょう。ここでは、こそあど言葉を使わない文章表現や、使う際のコツについて学習していきます。

## ✒ こそあど言葉を使わない文章表現

「これ・それ・あれ・どれ」などの**指示語を使わない文章表現**は、目的の名称をはっきりと記載することで回避できます。

まず、こそあど言葉を使った例文を見てみましょう。

### こそあど言葉を使った例

ニキビは皮脂の過剰分泌で起こります。それは思春期のころから増え、20代前半をピークに次第に減少していきます。閉経後の女性にはその傾向が強くあります。それが高齢者の肌荒れの大きな原因になっています。

例文を見てみると、指示語が何を指しているのか曖昧です。

「それは思春期のころから増え……」の「それ」とは、ニキビのことなのか、皮脂の過剰分泌のことなのか、読み手の推測に任せる形になります。それではこちらの意図した通りに読んでもらうことはできません。

「閉経後の女性にはその傾向が強くあります」の「その傾向」がどのことを指しているのかもよくわかりません。

Webライティングは国語の問題ではありません。

指示語が何を指しているかを読者に考えさせて誤解を生む余地を作るくらいなら、**指示語を使わない文章を心がけるべき**です。

先の文例を、こそあど言葉を使わない明確な名称に置き換えてみましょう。

こそあど言葉を使わない例

ニキビは皮脂の過剰分泌で起こります。皮脂は思春期のころから増え、20代前半をピークに次第に減少していきます。閉経後の女性には皮脂の減少傾向が強くあります。皮脂の減少が高齢者の肌荒れの大きな原因になっています。

何について話しているのかはっきりしました。

例文なのであえてすべての言葉を目的の名称に置き換えましたが、本来であれば読み手の理解力に任せる加減も必要です。

「1度でもこそあど言葉を使ったらNG」なのではなく、極力減らしつつ意味の通じない指示語は目的の名称に置き換える。

この程度を意識しましょう。

「このくらい読めばわかるだろう」と考えるのではなく、曖昧な指示語を避けて読者が誤読する余地がない書き方を意識しましょう。

# ✒ こそあど言葉を使う際のコツ

　こそあど言葉は、目的の文節と離れた位置にあるほど意味が通じにくくなります。

　間に挟まれる文節が多くなると、指示語がどれを指しているのかわかりにくくなるからです。

> **こそあど言葉が目的の内容から遠い場合**
>
> ニキビが酷かった私は、ニキビ対策を決心。あるサイトでは、ニキビにはスキンケアが有効とありました。一方、当時友人に相談したところ、食生活の改善が一番効果があったと言われました。対策から1年経ちましたが、それは効果を上げています。

　「それは効果を上げています」の「それ」は、何を指しているのでしょうか。ちょっとわかりにくいですね。

　「それ」が指すのが「スキンケア」であれば、次の例文のように、「それ」が入る文章を近くに移動することで、意味が伝わりやすくなります。

> **こそあど言葉が目的の内容から近い場合**
>
> ニキビが酷かった私は、ニキビ対策を決心。あるサイトでは、ニキビにはスキンケアが有効とありました。対策から1年経ちましたが、それは効果を上げています。一方、当時友人に相談したところ、食生活の改善が一番効果があったと言われました。

　場合によっては、**こそあど言葉を使うことにより文章をシンプルに**することができます。

　極力使わないようにする方向性には変わりませんが、もし使う場合は**目的から近い位置に置く**ようにしましょう。

# 06 | 重複表現をしない

気づかないうちに同じ意味の単語を重複して使ったり、表現自体を重複して使ったりしてしまうことがあります。このような「重複表現」を多用すると文章自体が稚拙な印象になりますし、混乱を招きます。わかりやすいシンプルな文章にするために、重複表現にも気を配っていきましょう。

## ✎ 類語の重複使用

言葉自体は違っても、同じ意味の言葉はよくあります。気づかないうちに組み合わせて使ってしまうときもあります。

次に**類語の重複使用**の例を挙げます。

例

- 「あとで後悔」
  **「後悔」はそもそも「あとで」するものなので重複する**
- 「あらかじめ予定」
  **「予定」は「予め定める」もので「あらかじめ」と重複する**
- 「はっきりと明言」
  **「明言」は「明確に言う」ことで「はっきり」と重複する**
- 「返事を返す」
  **「返事」は「事を返す」ことで「返す」と重複する**
- 「もう既に」
  **「既に」は「もう」の意味を含むので重複する**

「頭痛が痛い」のようなわかりやすいフレーズだと気づきやすいですが、上記の例の中には「正しい使い方」と思っていたものもあったのではないでしょうか。

気づかないうちに使ってしまう類のものなので、意識してみるとハッとするはずです。

この程度は瑣末（さまつ）な問題と感じるかもしれません。しかし、重複表現は読み手に違和感を持たれます。また冗長でもあるので、リズムのいい文章を書くことへのハードルにもなります。

## 同じ表現を繰り返さない

85ページ「文末表現を豊かに」で解説した内容にも通じますが、できるだけ**表現は豊かに**しましょう。**同じ表現方法を何度も繰り返すと稚拙（ちせつ）な印象**を与えるためです。

### 例文❶

ニキビ対策にはスキンケアが一番だと思います。
いきなり高価なコスメから始めるのはハードルが高いので、生活習慣の改善から始めようと思っています。
スキンケアを始めて3ヵ月経過……肌の感じが良くなってきたように思います。

「思う」の重複です。単調な印象で、表現力が乏しいですよね。
この文章に表現のバラエティを増やしたらどうでしょうか？

### 例文❷

ニキビ対策にはスキンケアが一番だと思います。
いきなり高価なコスメから始めるのはハードルが高いので、生活習慣の改善から始めようと決めました。
スキンケアを始めて3ヵ月経過……肌の感じが良くなってきたように実感しています。

意味は同じですが、言い方を変えるだけで文章全体にリズムができますよね。このように、同じ表現が連続するのも避けましょう。

# 07 | 二重否定はほどほどに

二重否定とは否定に否定を重ねる表現のことです。「〜というわけではない わけではない」のように、否定文に否定がかかっているので混乱します。シ ンプルでわかりやすい文章とは程遠いですね。ここでは、二重否定を使わ ない文章表現を学習します。

## ✒ 二重否定を使った文章

二重否定は、絶対に使ってはいけないものではありません。

しかし、二重否定を用いることで**理解しにくい文章になる**のは確かで す。3つの例文を挙げます。

二重否定の例文

1. 副業のWebライターで稼ぐのは、やれないこともない。
2. このぐらいなら修正できないわけでもない。
3. 指定の納期までに間に合わないこともない。

「結局できるの？ できないの？ どっちなの？」とツッコミたくなる文 章です。

あえていうなら、やんわり肯定している文章に見えます。はっきりし た内容とは言えません。

Webライティングではある程度言い切ることが重要です。次のよう にリライトしてみてはどうでしょう。

**リライト例文❶**

【可能性を肯定する】

1. 副業のWebライターで稼げそうだ。
2. このぐらいなら修正できそうだ。
3. 指定の納期までに間に合いそうだ。

**リライト例文❷**

【肯定して言い切る】

1. 副業のWebライターで稼ぐことができる。
2. このぐらいなら修正できる。
3. 指定の納期までに間に合う。

　一目見て肯定文だとわかるように書けば、読み手に考える労力をかけることもありません。

　また、仮に二重否定を使う場合でも、連続して使わないようにしましょう。

二重否定は使い方によって強い肯定表現になることもありますが、総じて意味が伝わりにくいのでwebライティングでは避けましょう。

## 08 | 次の見出しの直前に<br>入れるべき1文

次の見出しの直前（前の見出しの最後）には、次の文章を読んでもらうための1文を入れましょう。次の見出しへ橋渡しするための潤滑油となる1文です。見出しそれぞれが独立した塊であるよりも、次の見出しへ流れがある場合が多いですよね。各見出しと見出しの間に、橋渡しをしてあげる1文を加えることで、文章に流れを作ることができます。

## 見出し直前に入れるべき1文の実例

見出しの直前に入るのは、次の見出しに関連のある文章や疑問の文章です。長い記事でありがちですが「1つのセンテンスを読んだら次は見ない」という人が結構います。つまり、**次の見出しの前で離脱が起きる**のです。これを防ぐために、次へ読み進めてもらう潤滑油、呼び水となる文章を入れます。

見出し直前に次へ読み進めてもらうための1文を入れる

---

**Webライターの始め方徹底解説**

まずはWebライティングについて具体的に理解していきましょう！
### Webライティングとは

「どうやって働くの？」の疑問には次の章で詳しく解説していきます。
### Webライターの働き方

ここからはさっそくWEBライターになる具体的手順について掘り下げていきます！
### Webライターになる手順

---

## 滑り台効果について

　「**滑り台効果**」とは、アメリカのトップライターであるジョセフシュガーマンが提唱する文章テクニックです。

　シュガーマンが言った有名な言葉がこちらです。

> キャッチコピーは最初の文章を読んでもらうためにある。
> 1行目は2行目を読んでもらうためにあり、2行目は3行目を読んでもらうためにある。

　このように、まるで滑り台を滑るように最初から最後まで読んでしまうような構成になっている文章表現を、滑り台効果と呼びます。

　見出しの間に入れる1文も、その要素の1つを担っています。

　次の見出しを読んでもらうため、バトンをつなぐために関連性や興味づけの1文を添えることで、本来なら最初の見出しだけで終わっていたところが、気づいたら最後まで読んでしまうのです。

　Webの文章はすべてを読んでもらえないことが前提ですが、見出し前に1文を添えることで滑り台効果が発動し、記事の最後までしっかり読んでもらえる可能性が高くなります。

テレビ番組で、CMに入る前にCMあけの内容をチラ見せすることがあります。これも、CMで視聴者が離脱するのを防ぐテクニックですね。

# 09 文章をデザインする

わかりやすい文章は見た目も整っています。どんなに秀逸な文章も、ごちゃごちゃしていては読みにくいものです。ここでは「文章をデザインする」という概念でいくつかのテクニックを紹介します。文章を読みやすい見た目に整えて、クオリティアップしていきましょう！

## 句読点の打ち方

句読点は、文中の意味の区切りや文の終わりにつける符号です。

> 句点は「。」
> 読点は「、」

日本語で文章を書いていると自然に利用するものですが、多用しすぎると読みづらい文章になってしまいます。

句読点の使い方に正解はありませんが、間違えると誤解を招きやすい文章になるので十分に注意が必要です。

### 読点（、）の打ち方

読点（、）は文章の途中に区切りのために使う符号です。読点を用いることで文章を読みやすくできます。

ただし、**読点の使い過ぎは禁物**です。読点が多くなるときは文章を分けるようにしましょう。

読点の打ち方は次のようになります。

- 長い主語の後
- 接続詞の後
- 漢字やひらがなが連続するとき
- 固有名詞が並ぶとき

**長い主語の後**に読点をつけると、主語がはっきりします。

長い主語の後

- これまで運転をしたことがなかった私は、知らないことばかりで戸惑った。
- 教習所の向かい側にある美容室は、私の叔母の店だ。

**接続詞の後**に読点を使うことがあります。「しかし」「また」「そして」などの後につけると意味が強調されます。

必ずしも使うわけではありませんが、**ひらがなが連続したときにつける**と読みやすくなります。

接続詞の後

- そして、オーディションに合格した。
- しかし、なかにはオーディションに来なかった人もいた。

**漢字やひらがなが続く場合**は読点で区切りましょう。

漢字やひらがなが連続するとき

- ここで、はきものを脱いでください。
- この度、長年勤めていた会社を退職しました。

**人の名前や商品名など**が並ぶとき、読点で区切ります。

- スーパーで、じゃがいも、たまねぎ、人参を買った。
- 同窓会の幹事は、佐藤さん、遠藤さん、田中さんで
  お願いします。

・**読点の注意点**

読点を使いすぎると、非常に読みづらい文章になります。意識してか無意識か、異常に読点を使う文章をときどき見かけますが、使いすぎはご法度です。

明確なルールがあるわけではないですが、名詞を区切るなどの別の目的がない場合は、声に出して一息で読める文章ごとに読点を使う程度が適切です。

前述しましたが読点を複数使って長い文章を書くよりも、**句点を使って文章自体を短く**するように心がけましょう。

また、打つ場所によって文章の内容がまったく変わってしまうことがあるので気をつけてください。

- ここで、はきものを脱いでください。
- ここでは、きものを脱いでください。

# 句点（。）の打ち方

文章の切れ目（最後）に使う記号です。一文の最後に打ち、文章が長くなるのを防ぎます。

句点の打ち方は次のようになります。

- 鍵括弧や丸括弧の外に句点をつける
- クレジットや著者名などは、括弧の前に句点をつける

それぞれ説明していきます。

鍵括弧や丸括弧内の文章の最後には句点は付けません。文の最後に括弧が入る場合は、括弧の後に句点を付けます。

鍵括弧や丸括弧の外に句点をつける

- 彼は言った「このパソコンは中古品だ」。
- 免疫力を上げるには腸内殺菌を増やす（腸の中に生息している殺菌のこと）。

　なお、クレジット表記や著者名などの場合は、括弧の前に句点を付けます。

クレジットや著者名などは、括弧の前に句点をつける

- 彼らはコピーライターとして一気に脚光を浴びた。
（編集部名前）

・句点が不要な場合
箇条書きの末尾には句点をつけないのが基本です。

- 名前
- 住所
- 電話番号

　このように、句読点の打ち方には明文化されたルールがあるわけではないのですが、慣習的に正しいとされている使い方があります。本書を参考に適切に使用してください。

## ⬖ 記号を使う際の注意点

　文章で感情を表現をしたいときには記号を使います。「！（感嘆符。ビックリマーク）」や「？（疑問符。ハテナマーク）」は一般的ですよね。

　ただしそれも多用しすぎると稚拙な文章になるので注意が必要です。

よく使う記号と用途

| 感情表現 | ！？ | 疑問符・感嘆符 |
|---|---|---|
| 口語 | 「」『』 | 鍵括弧 |
| 注釈 | ※ | 米印 |
| 強調 | 【】 | 隅括弧 |
| 話の間 | … | ３点リーダー |

　用途によって使う記号は変わってきます。

　ただし、文章のリズムを考えて同じ記号を連続して繰り返し使うのは避けましょう。

　例えば、どの行の文章もすべて「！」で終わっているというのは、決して良い印象を与えません。

例文

**私は副業を始めたいと思っています！**
**そして、その内容はWebライターです！**
**Webライターで月５万円の副収入を目指す！**

どうでしょうか。

　すべて「！」で終わった文章は若干頭が悪い印象を受けます。

　感情に富んだ文章を書くのであれば、**同じ記号を連続しないように配慮**するべきですね。

# ✒ 文字装飾の方法

文字を装飾することで、文章の中から重要な箇所を強調して伝えることができます。

ほとんどの読者はじっくりテキストを読み込んではいません。パッと目につくところだけをかいつまんで読んでいます。

そこで、**文章の見た目をデザインすることで重要な部分を強調**して伝えることができます。文章をデザインする方法には大きく分けて3つあります。これらを最適化させることでパッと見の印象が変わりますね。

> ❶ 装飾
> ❷ 改行
> ❸ 漢字とひらがなのバランス

## ❶ 装飾

文章の中で一番目を引くのは「装飾されている箇所」です。

**装飾されている箇所の例**

- 太文字
- 赤文字
- マーカーペン
- ボックス
- 箇条書き
- 表
- ふきだし

こういった箇所は通常のテキストよりも目立ちます。

ただし、装飾を濫用した文章はくどくて逆に読みづらくなります。赤文字に黄色マーカーや、ピンクの装飾などは目にも見づらい感じです。

装飾の頻度について絶対的な正解はありませんが、筆者の場合は1ス

クロールに1個、多くても2個ぐらいを意識して文字装飾しています。

## ❷改行

　意外に思う人も多いかもしれませんが、改行も大事です。

　「たかだか改行くらい誰でもやっている！」と思うかもしれませんが、中途半端な場所で改行するなど、改行の仕方が残念な記事も少なくありません。

　文章の始まりから句点（。）までの一文が非常に長かったり、逆に適切な箇所でない場所で改行してあると、読者もリズムが崩れて離脱の原因になります。

　適切に改行するタイミングは次の3つです。

- 基本的に一文「。」「！」「？」で改行
- 会話文を挿入するとき
- 主張が変わるとき

　これを意識すると読みやすくデザインできます。

## ❸漢字とひらがなのバランス

　文章の漢字とひらがなのバランスも重要です。

　漢字が多い文章は堅苦しいイメージになりますし、ひらがなが多すぎると稚拙な印象になります。

　コンテンツのテーマにもよりますが、基本的にはひらがなと漢字のバランスは、

　ひらがな7：漢字3

が良いとされています。

　筆者の場合は初心者向けのコンテンツは少しひらがなを多めにしたり、ある程度知識のある人が読むコンテンツには漢字を多くしたりなど微調整をしています。

# 第5章

# セールスライティング
# テクニック

第1章で紹介した3つの壁とは少し切り口が異なりますが、Web上でモノを売る際に「読まない」「信じない」「行動しない」3つの壁があると言われています。「3つのNOT」とも言います。この3つの壁を突破しないとモノは売れません。ユーザーはスマホの狭い縦長の画面の中で、高速スクロールで流し読みをしながら「ふーーーん」と記事を眺めています。読者に「読ませる・信じさせる・行動させる」ためには「セールスライティング」のテクニックの出番です！ 3つの壁に当てはめてそれぞれの打開策を解説していきます。

# 01 読まない壁を突破する セールスライティング

ここでは、読者の「読まない壁」を突破するセールスライティングについて解説します。読者は非常に面倒くさがりで、少しでもわかりにくい、読みにくいなどと受け取られると、すぐにページから離脱してしまいます。ここではそれを回避するライティングテクニックについて解説します。

## ✒ 読者の離脱を防ぐテクニック

なぜ人はじっくりWebの文章を読まないのでしょうか。わかりやすくいうと、次のような心理が働くため読む気をなくすのです。

- わかりにくそう　読みにくそう
- それを語るあなたは誰？
- 知りたいことが書かれてなさそう……

次の5項目が、**読者の離脱を防ぐのに使えるテクニック**です。

1. 情報整理の「PREP」法
2. 一瞬で耳を傾けさせる「権威性」
3. 読まずにいられない「メリットの提示」
4. 期待を裏切らない「検索意図の網羅」
5. タップせずにはいられない「パワーワード」

1つ1つ順を追って説明していきます。

# ✒ ❶情報整理の「PREP」法

わかりやすさを演出するためには、第2章でも触れた「**PREP法**」を用います。PREP法は、情報をわかりやすく整理して論理的に示す文章構成のことです。

**PREP法の全体像**

❶ Point（総論）
❷ Reason（各論）　理由、メリット・デメリット
❸ Example（各論）　具体例、データ、体験談
❹ Point（総論）

**PREP法**

| P | POINT | 総論 |
|---|---|---|
| R | REASON | 各論（理由） |
| E | EXAMPLE | 各論（事例） |
| P | POINT | 総論 |

PREP法ではまず**最初に総論や結論を述べます**。Webの文章では起承転結は不要です。「答え」を最初に示して、「なぜなら〜」と理由を説明します。

総論を述べてから、**理由**を述べて**具体例**を入れてから最後にもう一度、総論として答えを示して行きます。

この順番で説明することで、より読者に文章の意図が伝わりやすくなります。

筆者の場合は「各論」（理由や具体例など）の他に、もう1つ各論として「**体験談**」を挟むと良いと考えています。

各論には「理由」「具体例」「体験談」を

総論

各論
理由

各論
具体的・データ

各論
体験談

　このように塊として整理すると、読者は自分が気になるところだけを
かいつまんで読むことができます。
　もちろん記事冒頭から順に読む読者もいますが、最初に全体をスクロ
ールして気になるところだけ戻って読んだり、さらに気になったら次の
見出しを読んだり、記事の冒頭に戻ってじっくり読んだりという具合
に、気になる部分から読み進めていく読者はたくさんいます。

## 記事中の読者が気になる部分

　記事の中で、読者が気になるところとは、どこでしょうか。

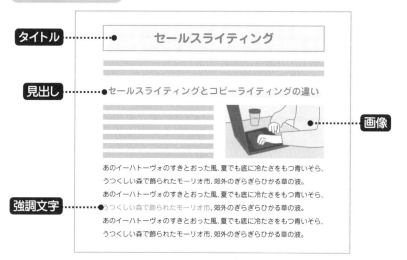

読者の目を引く箇所

タイトル …… セールスライティング

見出し …… セールスライティングとコピーライティングの違い

画像

強調文字 ……

あのイーハトーヴォのすきとおった風、夏でも底に冷たさをもつ青いそら、うつくしい森で飾られたモーリオ市、郊外のぎらぎらひかる草の波。
あのイーハトーヴォのすきとおった風、夏でも底に冷たさをもつ青いそら、うつくしい森で飾られたモーリオ市、郊外のぎらぎらひかる草の波。
あのイーハトーヴォのすきとおった風、夏でも底に冷たさをもつ青いそら、うつくしい森で飾られたモーリオ市、郊外のぎらぎらひかる草の波。

　まず、記事の「**タイトル**」です。タイトルを見て、どのような内容かある程度推察します。

　そして、次に目を留めるのは「見出し」でしょう。見出しをピックアップして見ていくと、記事の内容がざっくり理解できます。

　さらに、見出しの下の「画像」にも目が止まります。画像がフリー素材であれば微妙ですが、内容が予測できるようなオリジナル画像であれば記憶に残ります。

　他にも、強調された文字はパッと目に入ってきますよね。

- **赤文字**
- **太文字**
- **箇条書き**

　このような要素は、記事を流し読みしていても目に入ってきます。

　このように、記事の中で見られるポイントを意識しつつ、PREP法を使った構成にすると、記事のわかりやすさという点ではクリアです。

## ❷一瞬で耳を傾けさせる「権威性」

　記事に信憑性がないと、読者は見向きもしません。「結局その話を語るあなたは誰？」という疑問を常に読者は抱いています。

　人は権威に弱い傾向があります。「何を言っているか」よりも**「誰が言っているか」を重視**する傾向があるのです。

　「セールスライティング」を学ぶ際に、次のＡとＢどちらから話を聞いてみたいでしょうか。

権威性の重要性

| A | まだ文章で **1000円しか** 稼いだことがない |

| B | 文章でずっと **億単位** を稼いでいる |

　普通はＢの話を聞きたいですよね。筆者はWebライティングの実績を背景にこの本を書いていますが、それがなかったら読者の皆さんもこの本を読まないはずです。

　実際のセールスライティングに置き換えても同じです。その商品・サービスを10年愛用している人が語る内容と、まだ使ったことがない人が語る内容では、真実味も説得力も全然違います。

　さらに、その商品に関連する何かの資格を持っていたり権威者だったりすれば、話の信憑性も桁違いに上がりますよね。

　例えば、アフィリエイトにしても自社商品の販売にしても、その商品を記事執筆者自身が使っているなど、何かしら実績がないと売るのは難しくなりますよね。

# ❸読まずにいられない「メリットの提示」

　読者に提示する「メリット」とは何でしょうか。メリットとは、その記事を読む「価値」です。人は価値がないものに行動を起こしません。

　さらに掘り下げてみましょう。読者にとって記事を読む価値とは何でしょうか。

　人にとっての価値は2つあると言われています。**「快を得る」**ことと、**「不快を避ける」**ことです。

```
2つの価値
```

　「快を得る」というポジティブなメリットと、「不快を避ける」というネガティブなメリットがあります。記事を読むことでどちらかが得られないのであれば、読む価値はありませんよね。

　文章の読み始め、例えばリード文などで「この記事を読むメリット」を箇条書きで提示すると、読者の興味を一気に高められます。

　例えば、ポジティブ訴求として「この記事を読み終わったら売上が10倍になります」といった提示方法があります。

　逆に「この記事を読まないと得られる収入の半分をドブに捨てます」と言われたらどうでしょうか。こちらはネガティブ訴求です。

　実は、どちらの方が訴求力が強いかといえば、**不快を避けるネガティブ訴求のほうが人は強く反応します。**

## ④期待を裏切らない「検索意図の網羅」

　考えてみてください。 ある記事で読むのを止め、ページを閉じるときはどのようなときでしょうか。

　もっとも多いのは「知りたいことが書いてなさそうだ」と読者に受け取られたときです。

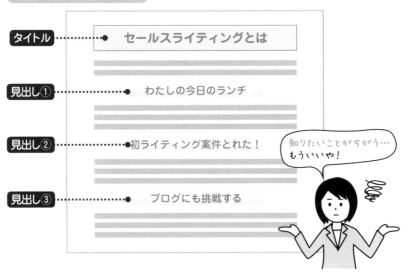

読者の期待する内容がない

タイトル・・・・・・・・● セールスライティングとは

見出し①・・・・・・・・● わたしの今日のランチ

見出し②・・・・・・・●初ライティング案件とれた！

見出し③・・・・・・・● ブログにも挑戦する

知りたいことがちがう・・・
もういいや！

　記事のリード文を軽く読み、大見出しをパーっと見たとき、欲しい情報がなさそうだったら、読者は別の記事を検索しにいきます。じっくり読んでから判断はしません。

　読者の離脱を防ぐには、**ユーザーの検索意図をくまなくカバーした構成案を作る**ことで解決できます。 これは**SEO**（SEARCH Engine Optimization：検索エンジン最適化）対策にも通じる部分がありますが、検索エンジンでキーワード検索して記事にアクセスするユーザーは、目的があってそのキーワード検索をしています。

　「腰痛　治し方」と検索してアクセスしたユーザーは、腰痛の治し方について詳しく知りたいと思っています。

「頭痛　原因」で検索するユーザーは、どうして頭痛が起こるのかその原因が知りたいと思っています。

　これはSEOに限った話でもありません。SNS経由で記事を読む人も、タイトルと記事内容がちぐはぐであれば読むのをやめます。

　読者は自分の欲しい答えを的確に、そして網羅的に返してくれそうな記事を探しています。つまり、読者の目的に合わせて的確な答えを返さなくては、速攻離脱されてしまうということです。

　なお、記事構成については次の動画でも詳しく解説しているため、よければ見てみてください。

コンサル級【記事設計術】100万円稼ぐ文章の書き方・作り方

https://www.youtube.com/watch?v=rX6knz2OsQc

# ⊘ ❺タップせずにはいられない「パワーワード」

　記事の**導入部分で読者の興味を引く強い言葉**を使った方が、継続して読まれる確率が高くなります。

　タイトルやリード文、商品購入リンクなどには「**パワーワード**」を使っていきましょう！

　「網羅性」「簡便性」「意外性」を表現するパワーワードの例です。

**パワーワードの例**

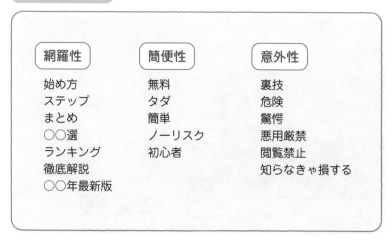

|網羅性|簡便性|意外性|
|---|---|---|
|始め方|無料|裏技|
|ステップ|タダ|危険|
|まとめ|簡単|驚愕|
|○○選|ノーリスク|悪用厳禁|
|ランキング|初心者|閲覧禁止|
|徹底解説||知らなきゃ損する|
|○○年最新版|||

　このような言葉をコンテンツの入り口付近に散りばめて置くことを心がけましょう。記事を読んでもらわないことには始まりませんからね。

　1つ注意点として、入り口だけ派手にしても肝心の内容がスカスカでは、すぐに離脱されてしまいます。

　臆せず強い言葉でアピールすることは大事ですが、メインコンテンツの内容を充実させることが基本中の基本です。

# 02 | 信じない壁を突破する<br>セールスライティング

ここでは、「読まない・信じない・行動しない」の「信じない壁」を突破するための、記事の信憑性を高める4つのテクニックについて解説します。

　基本的に読者は書いてある内容を鵜呑みにしたりはしません。頭のどこかで疑いながら読んでいます。その疑念や不安を払拭しない限り、そんな微妙な気持ちで物を買ったりはしませんよね。スッキリして納得してから購入ボタンを押すものです。

　そこで使えるテクニックは次のとおりです。

❶ つい受け入れてしまう「社会的証明」の利用
❷ 話すことで信頼される「デメリット」の開示
❸ 信憑性が高まる「断言・言い切り」
❹ 主張に必ず添えるべき「理由」の存在

## ❶ つい受け入れてしまう「社会的証明」の利用

　「社会的証明」とは、同調圧力が高い日本人が特に強く反応してしまう部分ではあります。**大多数の人が選んでいる選択肢を魅力的に感じてしまう心理効果**のことです。「**バンドワゴン効果**」といいます。

### LP・販売ページに必ずある「口コミ」

　ある事象に関して当事者が発する情報よりも、**第三者を介して得た情報のほうが信頼性が高く感じる**という心理効果もあります。

　これを「**ウィンザー効果**」と呼びます。このウィンザー効果を取り入れている手法があります。

商品を売るための縦に長いページを見たことがあるでしょうか。あれは「LP（ランディングページ）」や「販売ページ」と呼ばれています。

LP にはある程度決まったフレームワークのようなものがあって、その中に必ず組み込まれているパートがあります。それが「**口コミ**」です。口コミとは、要するに「第三者の声」です。

何かを売りたいとき、販売者は売りたい商品・サービスの良い面をアピールします。買ってほしいわけですから。

しかし、メリットばかり強調する以上、説明の信憑性は落ちます。商品・サービスの評価としては、販売者以外の人の評価のほうが信用できますよね。そのため、LP では必ず口コミパートを挿入するのです。

記事の中でも、「自分以外の誰かの意見を取り入れる」ことは信憑性と説得力を高めることができます。権威性の高い記事の内容を引用したりして、自分の意見を補強するのも良い手です。自分の主張を信じてもらいたいときは、自分の意見だけではなく第三者の意見も入れるようにしましょう。

なお、セールスに使える心理テクニックについて動画にまとめているので、よければ見てくださいね！

**【※売上10倍】悪魔的ビジネス心理テクニック40選「悪用しないでください」**

【※売上10倍】悪魔的ビジネス心理テクニック40選「悪...

1.5万 回視聴・7か月前

https://www.youtube.com/watch?v=3OfpcV062FA

# ②話すことで信頼される「デメリットの開示」

商品・サービスの記事で、あえて**デメリットを開示**することは効果的です。デメリットについて言及しないことは、初心者が盛大に間違ってしまうポイントでもあります。

筆者が運営する副業の学校でもよく次のような話をします。

> - **売りたいなら売り込むな**
> - **セールスに説得は不要**

売り込み感の強い記事は嫌われます。だからこそ、あえてデメリットを開示することをお勧めします。

自分が商品を購入しようと思ったとき、どのような要素を重点的に見るでしょうか。

おそらく、通販サイトのレビューでは「星1」の低評価コメントを見るでしょうし、ブログ記事の商品レビューでも、使いにくかったところや失敗したところなどを見ることが多いでしょう。

なぜなら、**お金を払って商品を購入して失敗したくない**からです。そして、ネガティブな情報が自分の中で許容できる範囲であれば購入するわけです。

## デメリットの開示は「不快を避ける」気持ちに作用する

115ページで前述しましたが、人が求めるのは「**快を得る**」「**不快を避ける**」の2つしかありません。

そして特に強烈に求めるのが「不快を避ける」ことです。

いい気持ちになるより、痛い思いをしたくない、ということですね。

　だからこそ、商品を購入してもらいたいのであればデメリットは誠実に開示すべきです。

　「そんなこと書いたら売れなくなるのでは？」という気持ちになるのはよくわかります。

　しかし、良いことしか書いていない記事の場合と、悪い部分も隠さず書いてあり、しかもその悪い部分は自分の許容範囲内だった場合、後者からモノを購入するでしょう。

　むしろ人は**デメリットを知りたい**のです。これをよく覚えておきましょう。

## ❸信憑性が高まる「断言・言い切り」

　文章を書くとき、つい次のような表現になっていないでしょうか。

- だと思います
- かもしれません
- のような気がします

　残念ながら、ユーザーは自信のなさそうな人から物は買いません。信憑性の薄い情報か、筆者の主観（感想）なのかなと感じるでしょう。

　セールスライティングでは特に、自信のなさそうな主張だと駄目です

よね。

A これを使えば肌が **ツルツルになると思います**

B これを使えば肌が **ツルツルになります**

　上記の例は語尾だけをちょっと変えたものです。

　この2つを比べると、Aの文章はまだその商品を使ったことのない人のコメントのように見えます。

　一方でBの場合は体験に裏打ちされているような印象を受けます。

　「**言い切る**」だけでこれぐらい印象は変わるのです。

## 薬機法上の注意

　美容系の商品や健康系の商品は、薬機法という法律で効果を保証したり断定したりすることを禁じています。

　とはいえ、個人の体験や感想は言い切るべきです。「たぶんお勧めだと思います」などと書いてあっても弱すぎますよね。

　お勧めするときはしっかりユーザーの背中を押してあげましょう。

# ✒️ ❹主張に必ず添えるべき「理由」の存在

　最後のテクニックは、主張に必ず添えるべき「理由」の存在です。人が何かを信じるのには理由が必要です。

- なぜその商品を買ったのか
- なぜその商品がいいのか
- なぜその商品をおすすめするのか
- なぜ私にすすめるのか
- なぜ今安くなっているのか

　このように、ユーザーはいろいろなWHY（疑問）を持っています。

　問題解決のテンプレート「5つのWHY」がセールスライティングにも使えます。

問題解決のテンプレート「5つのWHY」

## 5つのWHY

1. Why you ············ なぜ あなたから 買う必要があるの？
2. Why me ············ なぜ わたし なの？
3. Why this ············ なぜ この商品 なの？
4. Why now ············ なぜ 今 買わなきゃいけないの？
5. Why this price··· なぜ この価格 なの？

## 5つのWHY

1. なぜあなたから
   買う必要があるの？ ⇨ 1. 長年の使用者(権威性)

2. なぜわたしなの？ ⇨ 2. 即効でニキビを治したい
   あなたに(ペルソナ)

3. なぜこの商品なの？ ⇨ 3. 他と比べて圧倒的に
   コスパが良い(優位性)

4. なぜ今買わなきゃ
   いけないの？ ⇨ 4. 残り100個しかない
   (希少性)

5. なぜこの価格なの？ ⇨ 5. 限定販売の特別価格だから
   (限定性)

　文章の中で、これらのWHYに必ずAnswer（回答）を混ぜて書きましょう。

　主張に対して、このように理由があると納得感が増します。

ユーザーの疑問を、理由を提示して潰していくことで納得感が増します。営業トークの応酬話法のような感じですね。

## 03 | 行動しない壁を突破する セールスライティング

いよいよ最後の壁です。文章を読んでその内容を信じても、最終的に行動する人はごくわずか。だからこそ「行動しない壁」を突破するテクニックが必要になってきます。

　記事の最後まで読者に読んでもらえても、そこから先へアクションを起こさせるのは至難の業です。これを「**行動しない壁**」と呼びます。

　行動しない壁を突破するセールスライティングの技術は次のとおりです。1つ1つ説明していきましょう！

❶ 購入したその先を見せる「ベネフィットライティング」

❷ つじつまを合わせずにはいられない「一貫性の法則」

❸ 疑問と反論を潰す「先回りの発想」

❹ ターゲットを限定する「ユーザーの選別」

❺ 今すぐ行動させる「限定性と希少性の演出」

❻ 購入への最後の一推し「マイクロコピー」

### ❶購入したその先を見せる「ベネフィットライティング」

　「商品を売りたい」という気持ちが強すぎて、LPに書くような商品説明をしている記事があります。初心者がやってしまいがちなミスです。

・この商品は〇〇という成分が入っていて

・累計何万個売れていて

・芸能人の誰々も使っていて

これはLPにアクセスすれば全部わかることです。商品説明ばかりの文章では物は売れません。なぜでしょうか。

人がモノを買うときは、実はモノそのものが欲しいわけではないからです。

ベネフィットの追求については、73ページでも一度解説しました。改めてもう一度見直してみましょう。

育毛剤を購入する人は、どうして育毛剤が欲しいのでしょうか。その問いに「なぜ？」を何度も問いかけて深堀りしてみましょう。

【 育毛剤購入の目的 】

## 育毛剤の購入目的

なぜ育毛剤が欲しいのか？
なぜ髪の毛を生やしたいのか？
なぜ若々しく見せたいのか？
なぜモテたいのか？

髪の毛を生やしたいから
若々しく見せたいから
モテたいから
愛されたいから（承認欲求）

育毛剤が欲しい理由を深堀りしていくと、育毛剤を購入する人の本当の目的は「愛されたいから」というところに落ち着きます。

最初の問いの答えである「髪の毛を生やしたいから」という購入目的は、誰でもわかっていることであり当然すぎる答えです。

このような目に見えるニーズ、顕在化したニーズのことを「**顕在ニーズ**」といいます。

一方で深堀りを進めていくと、育毛剤から離れたニーズがあらわになってきましたね。最終的な答えとしては、「認められたい・愛されたい」といった承認欲求が、育毛剤の潜在的な購入目的になるわけです。

このような隠されたニーズのことを「**潜在ニーズ**」といいます。そして潜在ニーズのことをいわゆる「**ベネフィット**」といいます。

表面化した顕在ニーズにフォーカスして文章を書くと、どうしても商品説明のような文章になります。

一方、隠されたニーズであるベネフィットにフォーカスして文章を書くと、読者の心にガツンと刺さる文章になるのです！

育毛剤のベネフィットライティング

| 商品説明 | ベネフィット |
|---|---|
| ミノキシジルが〜<br>テクスチャーがサラサラで〜<br>容量が○○mlで〜<br>他の育毛剤より安くて〜 | 鏡の自分に自信が持てるようになった<br>友達に若くなったと言われた<br>なんと告白された！<br>彼女にかっこいいと言われた |

ベネフィットとして、育毛剤を使った先の未来をイメージできるような文章を書くと、読者の購買意欲はとても高まります。

## ❷ つじつまを合わせずにはいられない「一貫性の法則」

「**一貫性の法則**」は、自分の発言や行動につじつまを合わせたくなる心理です。一貫性の法則をセールスライティングに当てはめたとき、第2章でも解説した営業トークのテクニックである「**YESセット**」が役に立ちます。

YESセットは、会話の中で意図的に相手から「YES」を引き出す営業トークのテクニックです。

一貫性の法則と組み合わせる際は、最終的に相手に「YES」と言わせたい本題に入る前に、複数のYESを取ることで、そのYESと矛盾しない選択を読者がとろうとする心理を利用します。

❶「なるべく早くパソコンのスキルを高めたいと思いませんか？」
　　⇨ YES

❷「できれば通学することなく在宅で隙間時間を使いながら技術を
　　身につけたいですよね」
　　⇨ YES

❸「オンライン完結型のパソコンスクールはこちら」

❶と❷でYESを引き出しておけば訴求が通りやすくなります。事前に同意したYESとつじつまを合わせたくなるからです。

読者の悩みを、読者の言葉を使って言語化してあげると、YESを引き出しやすくなります。これは相手の悩みの代弁なのです。

「そうそう！そうなんだよ！」と、共感と自分事に捉えてもらうためのテクニックです。

文章でも事前にYESを引き出しておくと、その流れで商品を提案したとき、購入されやすくなります。

## ✒️ ❸疑問と反論を潰す「先回りの発想」

商品を購入するという行動は大きな決断です。ユーザーのネガティブな感情を払拭しておかないと踏み切れません。記事を読んでいても、読者の心の中では疑問と反論を繰り返しています。

・**効果的って言うけど根拠あるのかな**……
・**購入した後、返品できるのかな**……

1文1文書いた後に、読者がそれを見てどう反論するかを考えてみてください。あなたが思いついた反論は、読者は絶対に感じています。

だからこそ、先回りしてアンサーを書いておくことで、安心して購入に踏み切ることができるのです。

「なぜ？　どうして？」と自分の文章に自分でツッコミを入れていきましょう。かゆいところに手が届く素晴らしい文章ができますよ！

## ❹ターゲットを限定する「ユーザーの選別」

　誰にでも売りたい商品は、誰にも売れません。自分事と捉えないためです。そこで必要なのが「**ユーザーの選別**」です。

　商品を売るとき、たくさんの人にリーチしたいために次のようにターゲットを広げていることはありませんか？

　・あんな人にもおすすめ
　・こんな人にもおすすめ
　・どんな人にもおすすめ

　しかし、これは胡散臭さ満点です。筆者なら、記事から売り込みたい必死さが伝わった時点で絶対に買いません。

　筆者がよくやるテクニックは、**あえてターゲットユーザーを限定する**ことです。デメリットの開示とも似ていますが、はっきり「お勧めできない人」を挙げてしまうのです。

　例えば、次のようにお勧めできない人と、お勧めできる人を挙げます。

　お勧めできない人をあえて挙げる

 **たった１日で劇的にニキビを消したい人**
にはおすすめしませんが

 肌質を改善してニキビができにくい
ツルツル肌を目指す人には確実におすすめです

1日で劇的にニキビを消したい人は、あまり現実的ではないのでおそらく少数派でしょう。少数派であろう人をあえてバッサリ切ることで、自分事と捉える人に訴求します。

ネガティブな側面を開示された印象を持たせることもできるので、説明に納得感が出ます。

## 🖋 ⑤今すぐ行動させる「限定性と希少性の演出」

ユーザーが商品を購入してもいいと感じても、それが即購入につながるわけではありません。

- まあ後からにしようかな
- もう少し考えてからにしよう
- 今度でいいか

「買うのはいつでもいい」という状況では、「買うのはいつかでいい」となるのが人です。

そこで、商品をお勧めするなら「限定性」や「希少性」を演出しましょう。事実と異なる演出はできませんが、商品・サービスの限定性や希少性をアピールできるポイントがないか探してみましょう。

- 期間限定
- 数量限定
- 特別価格

このような状況であれば「今買う理由」になりますよね。

アフィリエイト案件であれば、キャンペーンを実施しているものもあります。そのようなアピールポイントがあればもれなく訴求していきましょう！

## ✒ ❻購入への最後の一推し「マイクロコピー」

**マイクロコピー**とは、**ボタンリンクやフォーム周りの短い文章**のことです。この短い文章があるだけで、CVR（成約率）が劇的に変わることがあります。

次のように、申し込みボタンの上に短めの言葉があるのを見たことがあるでしょう。

> マイクロコピーの例

＼ **1分で登録可能** ／

**無料で試してみる**

次の写真は楽天マガジン（https://magazine.rakuten.co.jp/）です。
「8月25日まで」という期間の限定性と、「無料」というメリットと簡便性を演出しています。

> 楽天マガジンのマイクロコピー

https://magazine.rakuten.co.jp/

次のページの写真はライザップ（https://www.rizap.jp）のLPです。

ライザップのLPのマイクロコピー

https://www.rizap.jp

申し込みボタンの周りに、次の要素を組み込んでいます。

- 具体的な痩せ方がわかる ➡ 登録するメリット
- 0円カウンセリング ➡ ノーリスク
- 簡単30秒で完了 ➡ 簡便性

　これらのマイクロコピーは個人のブログでも絶対に採用するべきです。ただボタンに「お申し込みはこちら」だけでは、人はなかなか行動しないということです。

　マイクロコピーに採用する要素としてお勧めなのは次のとおりです。

マイクロコピーにお勧めの要素

| | | |
|---|---|---|
| ● メリット | ⇨ | ● 無料・0円・タダ |
| ● 簡便性 | ⇨ | ● 1分で登録 |
| ● デメリットの払拭 | ⇨ | ● 返金保証あり |
| ● 希少性・限定性 | ⇨ | ● ○月○日まで |
| ● 権威性 | ⇨ | ● ○○名突破 |

# 04 | リンクテクニック

セールスライティングと深く関係のあるリンクテクニックについても触れ
ておきましょう。リンクにはいくつか種類がありますが、それぞれ特徴を
活かした利用方法があります。

## 🖋 リンクの種類

　商品を販売するためのリンクですが、種類としては主に「テキストリンク」「ボタンリンク」「バナーリンク」があります。

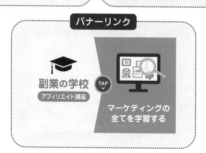

販売リンクの種類

テキストリンク
>>公式サイトはこちら

ボタンリンク
＼ 1分で登録可能 ／
無料で試してみる

バナーリンク
副業の学校
アフィリエイト講座
TAP
マーケティングの全てを学習する

　それぞれのリンクの使い分けに迷ったことはないでしょうか。明確な
定義があるわけではありませんが、筆者は個人的にそれぞれ役割がある
と考えています。

## テキストリンク

　テキストリンクの場合、ユーザーが文章を読んでいるときに邪魔になりません。

　また、リンク自体に売り込み感が少なく、文中にさりげなく差し込めるメリットもあります。

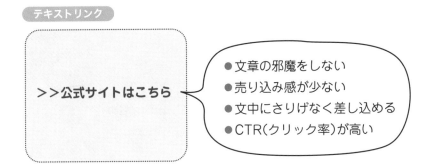

テキストリンク

>>公式サイトはこちら

- 文章の邪魔をしない
- 売り込み感が少ない
- 文中にさりげなく差し込める
- CTR(クリック率)が高い

　そして、**どのリンクタイプよりもクリック率が高い**という特徴があります。

　内部リンク（同サイト、同ブログ内の他記事へのリンク）する際、ブログカードを使うケースもあります。ブログカードとは、リンク先記事のサムネイル画像やタイトル、リード等をコンパクトに表示して視認性を高めたリンクのことです。

　ブログカードは目立っていいのですが、多用すると記事がごちゃごちゃして、読者のスムーズな目線を止めてしまいます。

　内部リンクの際もテキストリンクのほうが読者の邪魔にならずいいですし、クリック率も高くなります。

## ボタンリンク

**ボタンリンクはテキストリンクよりも売り込み感が強め**です。目立つため読者にしっかり認識されます。

購買に近いキーワードの記事を書いているのであればボタンリンクがお勧めです。

記事を読んでいるのは買う気十分のユーザーですから、リンクをしっかり認識させてあげたほうがいいでしょう。

ボタンリンク

＼ 1分で登録可能 ／

**無料で試してみる**

- 売り込み感強め
- 目立つからしっかり認識される
- 記事タイプによっては敬遠される
- CTR(クリック率)が高い

このように、ボタンリンクは売り込み感が強いので、記事の性質によっては敬遠されてしまうかもしれません。

購買から遠い「お役立ち情報」の記事などでボタンリンクが出てくると、押し売りされているような気持ちになります。

購買から近い記事中のボタンリンクはCTR（クリック率）高めですが、そうでない場合は売り込み感が強すぎるかもしれません。

その記事がどういう心理状態のユーザーを集めているのかを意識して、リンクを使い分けましょう。

## バナーリンク

　**バナーリンクは完全に広告色が強いリンク**です。当然売り込み感も超強めです。そのため、バナーリンクは購買から近いキーワードの記事で使うべきです。

- 広告色が強い
- 売り込み感強め
- 商品イメージを伝えられる
- CTR(クリック率)が低い

　バナーリンクは画像なので、商品イメージを伝えられるメリットがあります。

　筆者個人的には、絶対ではないものの、あまりバナーリンクは使いません。ただし、使うのであればテキストリンクも併用すると効果的でしょう。

# ✒ リンクの色と形状

バナーリンクは用意した時点でデザインが決まっていますが、テキストリンクとボタンリンクは色と形状によってクリック率が変わります。

## テキストリンクは青に

テキストリンクの色ですが、これは絶対に「**青色**」にしてください。なぜなら、ユーザーの中で「**青色のテキストはリンク**」という常識がすでに出来上がっているからです。

まれにピンクや赤でテキストリンクを貼っているのを見かけますが絶対にやめましょう。リンクと認識されないためです。

## ボタンリンクは緑に

**ボタンリンクの色**に関しては諸説ありますが、筆者は**緑をお勧め**します。

Webブラウザの「Firefox」のダウンロードボタンをABテストした記事（https://blog.mozilla.org/metrics/2009/06/19/firefox-is-green/）によると、「緑」「青」「紫」「オレンジ」のボタンを比較したところ、**緑のボタンがもっともダウンロードされた**そうです。

**Firefox ダウンロードボタンのAB テスト**

| | | |
|---|---|---|
| 緑 | ………… | **77.3%** |
| 紫 | ………… | **76.9%** |
| 青 | ………… | **76.7%** |
| オレンジ | ………… | **76.5%** |

緑は安全な印象を与えるためクリック率が高い、という意見をよく見ます。逆に、今回の実験データには赤は入っていませんが、**赤は危険を感じさせる色**です。

もちろん、色だけがCTRやCVR（コンバージョン率）を決定する原因ではありません。テキストリンクの文章やマイクロコピー（リンクボタンや入力フォームに添える短い文章）なども関係してくるでしょう。

　このようにさまざまな要因によってクリック率は変化しますが、特別な理由がないのであれば**ボタンリンクの色は緑にする**のが良さそうです。

## リンクの形状にこだわる

　「リンクの形状」にもこだわって記事を作成しましょう。

　筆者は、リンクの形状は「押せる感」が非常に大事だと思っています。テキストリンクであれば「＞＞○○○○」のように「＞＞」があるだけで押せる感が出ますよね。

　ボタンリンクであれば、マウスカーソルをボタンの上に重ねたときに色や大きさが変わるホバーエフェクトで、キラッと感やプルンと感を出せるとクリック率が高まります。

　他にも「押せる感」の演出としてボタンに影をつけたり、クリックできそうなマークをつけることでCTRが改善されます。

**影付きやマーク付きボタンの例**

影付き　　　　　　　　　　マーク付き

無料で始める　　　　　　　無料で始める　▶

　ちょっとしたことですが、すぐに実践できるのでぜひ試してみてください。

# ✒ リンクを配置する場所

リンクテクニックの最後に「**リンクの配置場所**」について触れておきます。

どんなに素晴らしいセールスライティングで文章を書いても、購入を提案するタイミングが悪ければ購入されません。

営業トークに置き換えればわかりますが、商談開始直後から商談終了までずっと契約書にサインすることを求められたら嫌ですよね。

アフィリエイトリンクなどもそうなのですが、記事の適切な場所にリンクを置きましょう。

ざっと説明すると、次の箇所がリンクを配置する適切な場所です。

> ❶ 目次上
> ❷ 記事下
> ❸ 問題解決した場所
> ❹ 価格の話をした場所

1つ1つ説明していきますね。

## ❶ 目次上

リンク配置場所の1つ目は「**記事の目次の上**」です。読者が記事を読み進める上で、かなり早いタイミングでリンクが登場します。

これはどういう状態かというと、商標名のキーワードや「〇〇 おすすめ」などといったキーワードの記事で、その記事にアクセスした時点でユーザーの商品を買いたい気持ちが十分に高まっているときに効果的です。

こういうキーワードで検索しているユーザーは、「余計な説明はいらないから早く公式サイトへ誘導してほしい」と思っている可能性さえあります。

だからこそ、早い段階でリンクを置いてあげることが成果につながります。

## ❷ 記事下

**記事下は、基本的にクリックされやすい場所**です。

記事を下まで読み終えて満足して、次どうしようかと考えている読者に行動を促すことができます。

記事とまったく関係のない商品・サービスのリンクを記事下に配置するのはどうかと思いますが、商品・サービスが問題解決策になるのであれば、ここにリンクを置かない手はありません。

## ❸ 問題解決した場所

**問題解決したトピック**の付近にもリンクを配置するべきです。

例えば「ニキビの治し方」というテーマで記事を書いている場合、ニキビの治し方として1つ答えを出したのであれば、その解決策として、リンクを配置しないことのほうが不親切です。

「どこにリンクがあるんだっけ」とユーザーに探させない配慮が大事です。

読者の立場で記事を見た際に「こんなときはすぐにリンクが欲しい」と感じるポイントの1つに、記事のテーマの問題が解決した場所があります。

「自分が読者だったら」という読者の目線、気持ちになって、クリックする気になりやすい場所にリンクを設定しましょう。

## ❹価格の話をした場所

　**記事中で価格の話が出た場所**にはリンクが必須です。こういう場所では控えめにいかずボタンリンクやバナーでもいいですよね。

　記事の途中でもリンクを置く場所は複数ありますが、価格の話が出た箇所はもっともセールスに適したタイミングです。

　一般的に、記事の上のほうから「問題提起」➡「メイントピック」➡「比較」➡「口コミ」➡「価格」と、記事下のほうで価格が出てくることが多いですが、ここではしっかりと売り込みましょう。

記事の話題の流れ

問題提起

メイントピック

比較

口コミ

価格

# 第 6 章

# SEO ライティング テクニック

ライティングテクニックの中には、ネット上での集客を目的とした技術があります。それがSEOライティングです。SEOライティングが効果を挙げれば検索エンジン経由で集客することができます。SEOライティングのスキルを身につけると、クライアントワークでも優位性を持てますし、自分で文章を書くときにも強力な武器になります。
ここではSEOライティングについて学習していきましょう！

# 01 | SEOって何？

SEOライティングの具体的な手法を学ぶ前に、そもそも「SEO」とは何なのかについて学びましょう。SEOの全体像を掴むことで、本章で解説するSEOライティングについても理解を深めることができます。

## SEOとは

　前章でも触れましたが**SEO**（Search Engine Optimization：**検索エンジン最適化**）対策とは、記事などを検索結果で上位表示させるための技法です。

　検索結果で上位表示されるようになると、検索エンジン経由の流入が増え、アクセスアップにつながります。

SEO対策による集客効果

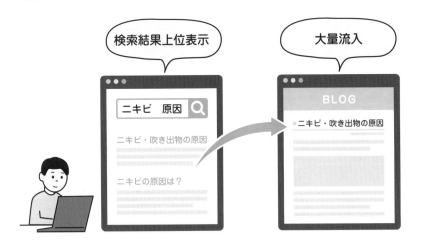

検索エンジンは複数ありますが、現在はGoogleが圧倒的シェアを持っているので、Google検索で上位表示されるための技法を実践します。以降は「**検索エンジン**」と「**Google**」は同義として解説します。

通常、コンテンツへのアクセスを増やすためにはお金がかかります。紙媒体でPR活動をしたり、Web広告などを出稿したりといった具合に、お金をかけて集客します。

一方、SEO対策を施せば、**無料でアクセスを集める**ことができます。対策を施して効果が出る（アクセスが増える）まで、広告出稿等と比べて時間がかかりますが、SEO対策がうまくいけば継続的に検索エンジン経由の流入が続きます。

**検索エンジンが検索結果で表示するコンテンツを決定する要因**は200以上あるといわれています。

その中で**個人が対策できるもっとも基礎的な施策がSEOライティング**です。

SEOライティングとは、検索エンジン（Google）へ「その記事がどのようなテーマでどのような内容が書かれているのか」を文章技術で正確に伝える方法です。

## ⬥ SEOライティングはSEO対策だけでは不十分

繰り返しになりますが、Googleが検索結果を決定するうえでコンテンツを評価する要因は200以上あります。

そのすべてを個人で対策することは困難です。

また、検索順位を決定する要因はGoogleの開発者ですらすべてを把握しているわけではありません。

膨大でかつ複雑な仕組みで検索結果順位を決定しているので、そのすべてを把握することは困難ですし、もちろん筆者もすべてを知っているわけではありません。

## 「SXO」対策の重要性

SEOライティングに関して、1つ言えることがあります。SEOライティングは検索エンジンの高評価を狙って文章を書く技法ですが、**Googleが定めるルールに機械的に沿った文章を作るだけではダメ**だということです。

検索エンジンが評価するルールに沿って機械的に対策を施すのがSEO対策だとすると、昨今はユーザーの感情に沿った「**SXO対策**」が重要度を増しています。

SXOとは「Search Experience Optimization」の略で「**検索体験最適化**」という意味です。

記事へアクセスしたユーザーが、文章を読んだ後にどのようなアクションを起こすのかを考えます。

**文章に満足したユーザーが起こす行動の例**

- その記事の目的の行動を起こす
- 長い間その記事に留まる
- そのサイト内の他の記事も見に行く
- ブックマークする
- 以後、直接訪問するようになる

読後の行動によって、ユーザー満足度が測られ、結果的に検索エンジンにもコンテンツが評価されるという傾向があります。

Googleのルールに則りながら、なおかつ文章を読むユーザーの感情にも徹底的に配慮することが、SEOライティングにとってもっとも重要なことなのです。

SEOライティングはwebライティングの中でも必須のスキル。必ず身に付けて執筆に活かしましょう。

# 02 | 記事のテーマを検索キーワードで考える

検索エンジンの上位に表示させるためには、記事のテーマを「検索キーワード」を中心に考える必要があります。検索キーワードをベースに、タイトル・見出し・本文などを組み立てることで、整合性のとれた情報を検索エンジンに伝えることができます。その結果、想定した検索キーワードで上位表示でき、検索ユーザーがあなたの記事にアクセスすることになります。

## ✒ SEOキーワード選定をする意味

初心者であれば「そもそもキーワード選定をする意味って何？」と感じるかもしれません。

「記事を書くときは、SEOで上位表示するためにキーワード選定をするらしい……」最初はこの程度の認識だと思います。

しかし、キーワード選定をする意味の本質を理解しておかないと、検索結果上位表示が目的になり、「Googleに評価されるために記事を書く」ことになります。

SEOで上位表示するのは手段であって目的ではありません。そこを間違えないようにしましょう。

### SEOキーワードは「ユーザーの心の声」

SEOキーワードは検索ユーザーの心の声です。リアルな悩みを表わす言葉そのものです。

例えばニキビで悩む人は「ニキビ　治したい」のようなキーワードで検索します。

Google　　ニキビ 治したい　　　　　　ニキビを治したいならこう検索

medical.shiseido.co.jp › ihada-lab › article

**ニキビをセルフケアで治すには？食事や睡眠、お手入れの注意点**

大人になってもニキビができる人は、スキンケアの方法や生活習慣を、一度見直してみる必要があるでしょう。ここでは大人のニキビをセルフケアで治したい人に、改善の ...

www.nikibic.net › ニキビ研究室トップ › ニキビの治療法まとめ

**ニキビを一晩（1日）で治す【医師監修】- アクネクリニック**

一晩でニキビを治したい！ そうはいっても、ニキビが治るまでにはかなり時間がかかるイメージがありますよね。 一晩でニキビを治すことなど、そもそも可能なのでしょう ...

www.maruho.co.jp › kanja › nikibi › consultation

**ニキビの正しい治し方は？｜ニキビを治したい 教えてアキ先生！**

ニキビは洗顔や保湿でニキビが治るわけではないので、気になったら早めに皮膚科に相談するのが良いです。自己流で一時的にニキビを治すことができても、ニキビが ...

amagadai-fc.com › 院長ブログ

**ニキビで悩む人ゼロに！正しい治し方を医師が徹底解説！**

2021/07/10 - ニキビの治療は早いと2週間ぐらいで効果が出ますが、3か月くらいはかかります。すぐ効かないからといって諦めないことが大切です。また、この薬には ...

ニキビの原因・ニキビの医学的治療・ニキビ跡は消えるのか？・ニキビが治る期間

**するとその検索キーワードに合ったサイトや記事が表示される。もっとも内容に合致したものが上位表示される**

　検索ユーザー（特にPC上で検索するユーザー）は、**複数の検索キーワードで絞り込み**を行います。

　調べたいことの大枠が最初の1語目、2語目以降で絞り込みを行います。場合によっては3語、4語と続くときもあります。

| 何の話？ | どうしたい？ | どうやって？ |
|---|---|---|
| **ニキビ** + | **治したい** + | **洗顔** …… |
| 1番目 | 2番目 | 3番目 |

　このように、ユーザーの知りたい情報や心の声が、検索キーワードとなっています。

　つまり、記事を書く際のキーワード選定とは「ユーザーのどんな悩みに応えるのか？」これを決める作業なのです。

## 「自分が書きたいことを書く」から「読者の悩みに応える」へ

　初心者のうちは、思いついたことをそのまま記事にする人が多いですが、これは読み手の気持ちやニーズを無視した自分語り記事です。

　知名度のある人のブログなら別ですが、ほとんどの人は誰かもわからない人の日常について書かれた記事にはまったく興味を持ちません。

　記事でキーワード選定することで、記事を書く目的が「自分の話したいことを書く」から「読者の悩みに応える」に変わります。

　読まれる記事を書く上で大切なのは、**自己満足ではなく他者への貢献**ですから、キーワード選定は必須です。

## 🔥 キーワード選定は記事戦略の要

　記事のキーワード選定が、読者目線に立つためであることがわかったはずです。では、なぜ記事を執筆する際に読者の目線に立つ必要があるのでしょうか。

　それは、記事のキーワード選定が、記事での集客・マネタイズに絶対必要な「戦略」だからです。

　ユーザーの悩みを知り、その対策をするということは「記事にどんな人を集めるか？」と同じ意味を持ちます。

　**キーワード選定からマネタイズまでのプロセス**を細分化してみましょう。

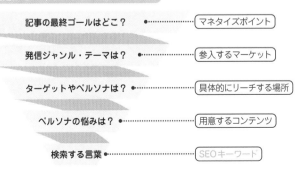

キーワード選定からマネタイズまでのプロセス

| 記事の最終ゴールはどこ？ | ● | マネタイズポイント |
| ターゲットやペルソナは？ | 発信ジャンル・テーマは？ | 参入するマーケット |
| ターゲットやペルソナは？ | ● | 具体的にリーチする場所 |
| ペルソナの悩みは？ | ● | 用意するコンテンツ |
| 検索する言葉 | ● | SEOキーワード |

| | |
|---|---|
| 「記事の最終ゴールはどこ？」 | ←マネタイズポイントのこと |
| 「発信ジャンル・テーマは？」 | ←参入するマーケットのこと |
| 「ターゲットやペルソナは？」 | ←具体的にリーチする場所のこと |
| 「ペルソナの悩みは？」 | ←用意するコンテンツに直結 |
| 「検索する言葉は？」 | ←これがSEOキーワード |

　記事から収益をあげる際、最終ゴール（マネタイズポイント）から逆算し、どんなユーザーに記事へアクセスしてほしいか考えましょう。

　どのようなユーザーであれば、自分の売り物（アフィリエイトかもしれないし、自分の商品かもしれない）にお金を払ってくれそうでしょうか。

　そのユーザーは、どのような悩みを持ち、どんな検索キーワードで記事にアクセスするでしょうか。

　初心者ほど小手先のテクニックや戦術にこだわりがちですが、もっとも大事なのは計画であり戦略です！

　「誰に・何を・どのように」提供するのか、これがあいまいなまま適当に記事を書いていたら、100年経っても1円も稼げません。

## ユーザーの需要に適切な供給をするため

　記事のキーワードを選定したら、そのキーワードに対し適切な答えを返さなくてはいけません。

　例えば、「ニキビ　治したい」というキーワード選定をして記事を書くことに決めたものの、書き上げた記事は「ニキビができる原因」についてだったとします。これでは、キーワード選定した意味がありません。

　なぜなら「聞かれたことに答えていない」からです。「ニキビ　治したい」と検索してアクセスしてきた人には「ニキビの治し方」を説明するべきです。この検索キーワードに対するコンテンツ提示をピッタリ合わせられると、読者に寄り添った記事が書けます。

　キーワードを選定すると、こういうことに対しても意識が高まります。必然的にコンテンツのクオリティアップにもつながります。

# ✒ SEOキーワードの種類について

SEOキーワードには、その検索動機やニーズ・規模によって種類があります。

キーワードに対する検索意図には大きく分けて「**DOクエリ**」「**GOクエリ**」「**BUYクエリ**」「**KNOWクエリ**」の4つの傾向があると言われています。

**4つのクエリタイプ**

**DOクエリ**は、ユーザーが特定の行動を起こす際に検索するクエリです。

**DOクエリ**

- ○○+資料請求
- ○○+会員登録
- ○○+ダウンロード

**GOクエリ**は、ユーザーが特定のページやサイトにアクセスする際に検索するクエリです。

- 楽天市場
- Amazon
- ウィキペディア
- Facebook＋ログイン

**BUYクエリ**は、ユーザーの商品購入意欲が高まっているときに検索するクエリです。

BUYクエリ

- 〇〇＋通販
- 〇〇＋お取り寄せ
- 〇〇＋最安値

**KNOWクエリ**は、ユーザーが情報を知りたいときや、悩み事を解決したいときに検索するクエリです。

KNOWクエリ

- iPhone＋水没
- お金＋稼ぎたい
- ビーフシチュー＋レシピ
- 〇〇＋コツ
- 〇〇＋手順
- 〇〇＋やり方・方法

このように、ユーザーがキーワード検索するときの目的別の種類を覚えておくと、キーワード選定の際の大きな方向性も見えてきます。

ここでは、ユーザーはこの４つの動機で検索することをざっくりと認識しておいてください。

## ✒ ニーズ別SEOキーワードの呼称

　検索者のニーズや検索目的によって、次のように検索キーワードの呼び方が違います。

ニーズ別キーワードとその例

| ジャンルキーワード | ニキビ |
|---|---|
| 悩み系キーワード | 肌荒れ |
| 欲求系キーワード | ニキビ　治したい |
| 商標キーワード | プロアクティブ + ○○ |
| ずらしキーワード | アクネ菌 + ○○ |

　このような分類は単なる呼称というだけではありません。

　キーワードの種類を理解しておくと、ユーザーの検索動機には何らかのカテゴリーがあり、分類できるということが理解できるようになります。

　**キーワードの種類にはユーザーの心理が隠れている**ので、顧客心理を理解するのに有効な判断材料になるんですね。

## ✒ 規模別SEOキーワードの種類

　検索キーワードにはざっくりと「規模」（**検索ボリューム**）があります。検索ボリュームとは、任意のキーワードがどれだけ検索されたかを表すものです。

　ボリュームが多いとたくさん検索されるキーワードで、ボリュームが少ないのはニッチなキーワードというわけです。

| 1語のキーワード | ⇨ビッグキーワード | 検索ボリューム 1万以上 |
| --- | --- | --- |
| 2語のキーワード | ⇨ミドルキーワード | 検索ボリューム 1,000〜1万 |
| 3語のキーワード | ⇨スモールキーワード | 検索ボリューム 100〜1,000 |

　明確な定義があるわけではありませんが、一般的に検索ボリューム1万以上が「**ビッグキーワード**」、検索ボリュームが1,000〜1万が「**ミドルキーワード**」、検索ボリュームが100〜1,000が「**スモールキーワード**」と呼ばれています。

　語数が少ないほど頻繁に検索され、語数が多くなると検索ボリュームが少なくなります。

## ビッグキーワードだから売れるとは限らない

　これを見て「たくさん検索されるキーワードで記事を書きまくればいいんだな！」と思った人は、いったんストップしてください。

　誰でも思いつく単純な**ビッグキーワードは、非常にライバルが多いキ**ーワードであることを認識する必要があります。

　ベテランアフィリエイターや資金力のある企業などが本気のコンテンツでSEO対策をしているキーワードです。攻略難易度の高いキーワードとも言い換えることができます。

　さらに、ビッグキーワードで売上が上がるかはまた別の問題です。

　検索キーワードが少ないほど検索ボリュームは多くなりますが、一方で検索時のイメージが抽象的です。

　キーワードの語数が増えてキーワードの深度が深くなるほど、検索イメージが具体的になります。

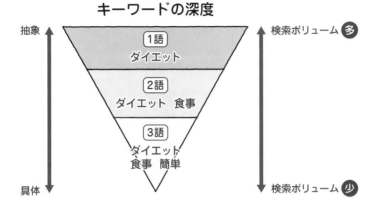

**検索ボリュームとキーワードの深度の関係**

## キーワードの深度

抽象 — 検索ボリューム **多**

**1語**
ダイエット

**2語**
ダイエット　食事

**3語**
ダイエット
食事　簡単

具体 — 検索ボリューム **少**

　キーワードの深度が深くなるほど検索意図は具体的になり、一方で検索ボリュームは少なくなります。

　しかし、**検索意図が具体的**ということは、コンテンツがハマれば売れやすいキーワードでもあります。

　逆に、**深度が浅く語数の少ないキーワード**は、検索意図が明確ではありません。たくさんの人にヒットする検索イメージなので、検索ボリュームは多いわけです。

　初心者は、検索ボリュームが少なくても検索ユーザーの購買意欲の高いロングテールキーワードや、軸になるキーワードから少しずらしたキーワードを用いた「ずらしキーワード」で記事を書くのをお勧めします。

第6章　SEOライティングテクニック

# ⚗ SEOキーワード選定の詳細のやり方と手順

キーワードの種類やボリュームなどについて理解したら、実際に**キーワード選定**を行ってみましょう。

最初はキーワード選定が難しいかもしれません。

キーワード選定は「誰のためにどんな記事を用意するか？」を考える作業であると理解すればわかりやすいかもしれません。

## メインキーワード候補を決める

最初に主軸となるメインキーワードを決めます。「●●＋○○」の●●の部分です。メインキーワードは「何について書くのか？」という部分です。

サイトやブログ、あるいは一連の記事を構成する際に、テーマの軸になるキーワードがいくつかあります。美容系コンテンツなら「ニキビ」かもしれませんし「ほうれい線」かもしれません。

## 軸キーワードは１つに絞らない

この際に気をつける必要があるのは、軸キーワードは１つだけに絞らないということです。仮に「ニキビ」という軸キーワードを決め、関連記事を大量に作成したとします。

軸キーワードを１つに絞ったケース

ニキビ 薬

ニキビ 治し方

ニキビ 場所

ニキビ 治す

ニキビ 皮膚科

ニキビ パッチ

ニキビ 赤い

ニキビ メンズ

ニキビについて極限までテーマを絞りこんだサイトがないわけではありません。

しかし、これは**特定キーワードだけにフォーカスしすぎ**たサイトですよね。SEOを意識しすぎて、まるで読者の気持ちを置いてけぼりにしているようです。

例えば、美容に興味のあるユーザーが必ずしも「ニキビ＋〇〇」で検索するとは限りません。

「肌汚い　原因」や「老け顔　改善」など、色々なキーワードで検索するはずです。そう考えたら、**軸キーワードは1つだけなわけがありません**よね。

ブログ全体のテーマが「美容」だとすれば、それを1段具体化したサブテーマ的な1語のキーワードを軸として洗い出してみましょう。

洗い出したキーワードをすべて採用するかは後で精査するとして、自分がターゲットとしているペルソナがどんな軸キーワードで検索しそうかを考えてみてください。

軸キーワード一本に絞り込んだサイト構成はユーザーにとって不自然なサイトに見えます。過度な絞り込みは避けましょう。

## 🖊 複合キーワード候補を選定

主軸キーワードを支える2語目のキーワード候補を選んでいきます。「●●＋〇〇」の〇〇の部分です。

2語目のキーワードを選ぶ方法はいくつかありますが、もっとも一般的なのは「**Googleサジェスト**」を利用する方法です。

Google Web検索の入力フォームにキーワードを入力すると、自動的に絞り込み候補が表示されます。これをGoogleサジェストといいます。

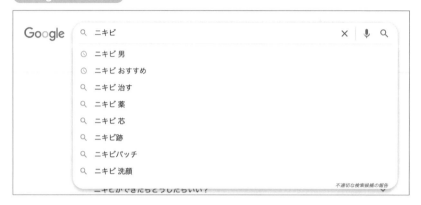

また、検索結果ページの最下部にも、検索したキーワードに関連する別のキーワードが表示されます。

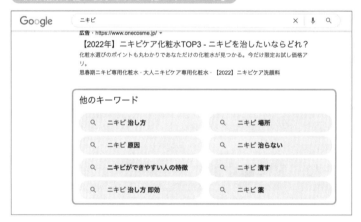

　サジェストされるキーワードは、軸キーワードに対して強い検索意図を持っています。簡単にいうと、軸キーワードの中でよく検索されるキーワードということです。

## POINT

まれに初心者で、自分のオリジナルキーワードを作ったり、存在しないキーワードで記事を書いたりする人がいます。

オリジナルなので非常に競合性の低いキーワードになるためほぼ100%上位表示しますが、誰も検索しないのでアクセスがありません。

キーワードを自作するのはやめて、需要のあるキーワードから選びましょう。

また「**ラッコキーワード**」という関連キーワードツールを使えば、軸キーワードに関連する複合キーワードを一気に調査できます。

ラッコキーワード

https://related-keywords.com/

## ⚗ 「知恵袋」から悩み系キーワードをチェック

　よく検索される関連キーワードはサジェストやラッコキーワードなどを用いて調べられます。

　このような機能・ツールを用いた方法ではなく、悩み系キーワードを調べる方法があります。それは**ナレッジコミュニティ**（知識共有コミュニティ）、**知識検索サービス**を利用する方法です。

　知識検索サービス「**Yahoo!知恵袋**」（https://chiebukuro.yahoo.co.jp/）は、悩み系キーワードの宝庫です。

　例えば「ニキビ」で検索してみましょう。

Yahoo!知恵袋で「ニキビ」を検索

ニキビで自分に自信が持てません。。。 私は学校で好きな人がいます。...
でも最近ニキビが酷くなってきています。そのせいか、その好きな人は私を避けているような気がします。やっぱり女の子は肌がキレイの方がいいですよね。。。 もちろん洗顔は毎日しています。それでもニキビが...
解決済み - 更新日時:2015/02/27 16:16:27 - 回答数：29 - 閲覧数：8850
生き方と恋愛、人間関係の悩み > 恋愛相談、人間関係の悩み > 恋愛相談

ニキビについて ニキビがひどいので医者に行って 塗り薬を貰いました。...
（ヒルドイドローションとデュアック複合配合ゲル） 夜に洗顔をしてから塗っているのですが、朝は水で洗い流すだけ良いのでしょうか？それとも夜同様洗顔石鹸で洗い流したほうが良いのでしょうか？というのも水...
解決済み - 更新日時:2016/12/22 03:14:34 - 回答数：1 - 閲覧数：45
健康、美容とファッション > 健康、病気、病院 > ニキビケア

ニキビ跡が消えません。 もともとニキビがたくさんあり、最近ニキビが...
最近ニキビが治まってきたのですが、ニキビ跡が一向によくなりません。美容皮膚科でもらっている 塗り薬【エピデュオ®ゲル】 飲み薬【トラネキサム酸錠250mg「YD」】 【ハイチオール錠80 80mg】 この塗り薬...

　このように、生々しい悩みの数々がヒットします。

　サジェストキーワードだけでは見えてこない、**ニッチかつ悩みの深いキーワード**が見つかります。

　悩み系のキーワードはニッチでも成約しやすいので、チェックしておいて損はありません！

## ⚗ キーワードプランナーで月間検索数を確認

　ここまでは、キーワード候補の選択でした。ここからは、ピックアップしたキーワード候補が実際にアクセスを集められるかどうかの調査を行います。

　ピックアップしたキーワードはテキストに書き出しておき「**Google キーワードプランナー**」で検索ボリュームを確認しましょう。Google キーワードプランナーは**Google広告**（https://ads.google.com/）で提供される機能の1つで、「そのキーワードで1ヵ月にどれぐらいのアクセスが見込めるか？」を大まかに把握できます。

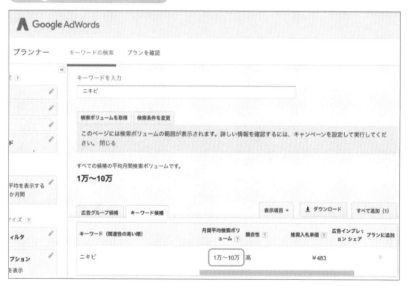

　サジェストでピックアップしたキーワードであれば、検索ボリュームが0ということはないでしょう。

　しかし、ラッコキーワードで表示されたキーワードには、まったく検索されないキーワードも含まれています。

　キーワードプランナーで確認した際に、月間平均検索ボリュームが「ー」になっているものは選定をやめましょう。このようなキーワード

で記事を書いてもアクセスが集まりません。

168ページで説明しますが、そのようなキーワードは、もっと**検索ボリュームの高い同義のキーワードに内包される要素の一部**にすぎません。

そのため、ここであえて検索ボリュームが0のキーワードを採用して記事を書く必要はないのです。

把握できるのはそのキーワードのざっくりとしたアクセス数です。リスティング広告などの費用を少額でもいいのでGoogle広告に課金すれば詳細も確認できます。

検索ボリュームが多いに越したことはありませんが、ビッグキーワードばかりでなく、検索ボリュームの少なめなロングテールキーワードもピックアップしておきましょう。

## 検索ボリュームと記事の規模

ちなみに、検索ボリュームによって記事の規模感が変わってきます。

目安ですが、各検索ボリュームに対して次のような記事数でキーワードを狙います。例えば、検索ボリュームが10〜100のスモールキーワードの場合は1記事で狙います。検索ボリュームが100〜1000のキーワードの場合は1〜3記事。1000〜1万のキーワードだと3〜10記事で、1万〜10万のビッグキーワードの場合は10〜100記事のコンテンツで狙っていくというわけです。ビッグキーワードの場合は、ブログ内の記事全体で狙っていくキーワードという感じですね。

**検索ボリュームとコンテンツの規模**

☑ 10 〜 100 　⇨ 　1記事

☑ 100 〜 1000 　⇨ 　1記事 〜 3記事

☑ 1000 〜 1万 　⇨ 　3記事 〜 10記事

☑ 1万 〜 10万 　⇨ 　10記事 〜 100記事

155ページの図で説明したように、ビッグキーワードほど検索意図は抽象的で、ロングテールキーワードほど検索意図は具体的です。抽象的な物事を説明するには膨大な情報量が必要です。一方で、具体的な物事を説明するのはそこまで多くの情報は必要ありません。

そのため、ロングテールキーワードは少ない記事数で狙えますが、ビッグキーワードを狙う場合は記事を分割して狙う必要があるのです。

## 競合性のチェック

次に、**キーワードの競合性**をチェックします。選定したキーワードでWeb検索を行ってみましょう。検索結果にどのようなサイトが表示されているかを確認します。

個人ブログが上位表示されていれば、自分もそのポジションを狙うことができます。

逆に、次のようなサイトが上位を独占している検索結果であれば、キーワードの競合性が強く、個人ブログ・サイトで戦うのは難しいでしょう。

- co.jpドメインなどの企業サイト
- 国が運営しているサイト
- 公式サイト
- 病院・クリニックのサイト
- 記事数が多く見栄えの良いサイト

**検索結果の上位をこのようなサイトが占めている場合、筆者はそのキーワードを選定することを諦めます。**

攻略するにはコスパが悪いですし、おそらくそのキーワードはGoogleがコンテンツを管理する**YMYL**で、執筆者に**EAT**のない状態では絶対に勝てないからです。

## 🖋 検索意図に沿って構成を作る

　選定したキーワードに対して、**ユーザーの検索意図**を考えてみましょう。ユーザーはなぜそのキーワードで検索したのかを考えます。

　そして、その検索意図に対してしっかりと答えを返せる記事を書かなくてはいけません。

　検索者の顕在ニーズと潜在ニーズをしっかりカバーした記事設計をして、記事の構成案を作っていきましょう。

　**記事設計の方法**については詳しく解説した動画を公開しています。よければ参考にしてみてください。

コンサル級【記事設計術】100万円稼ぐ文章の書き方・作り方

https://www.youtube.com/watch?v=rX6knz2OsQc

# 03 タイトルには キーワードを含める

記事の中でもっとも重要なのが「タイトル」です。記事のタイトルは、本でいえば書名に相当します。つまり「顔」です。タイトルに記事のテーマであるキーワードを含めることで、ユーザーが記事の内容を把握しやすくなるうえ、Googleにも記事テーマを正しく伝えられます。

## 検索順位も凌駕する「タイトルの力」

検索順位によって、コンテンツのクリック率（CTR）は大きく変わってきます。次のデータは、**Googleの検索順位別のクリック率**です。

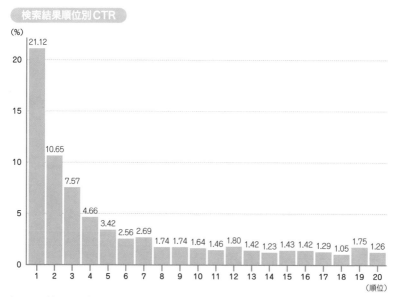

検索結果順位別CTR

https://www.internetmarketingninjas.com/blog/google/announcing-2017-click-rate-study/

検索結果順位1位になれば21.12%のクリック率がありますが、2位以降はクリック率が激減します。

　ですが、例外的に**2位以降でも記事をクリックしてもらえる場合**があります。それは「**タイトルが魅力的なコンテンツ**」です。

　検索結果順位1位に表示されているコンテンツでも、ページタイトルが凡庸な場合、2位以降の記事に目が移ることがあるでしょう。検索結果ページで1位のコンテンツだけを見ている人はいないはずです。

　もちろんSEOライティングする上で、検索順位は1位を狙うべきです。しかし、トップ表示されなかったとしても、タイトルが魅力的であればクリックされる可能性は大いにあります。

　記事の入り口であるタイトルを魅力的にすることは、検索順位もカバーできる力があるということです。

## ✒ 狙ったキーワードをタイトルに含める

　ここからは実践です。まず、キーワードをタイトルに含めて作成します。

　例えば「Webライティング　始め方」というキーワードを狙うのであれば、次のようにタイトルに含めます。

> Webライティングの始め方を徹底解説｜初心者でも月5万円稼げる

### キーワード配置場所は「タイトルの冒頭」

　Googleもユーザーも、記事の入り口であるタイトルの文言で、その記事内容を推察します。

　タイトルに狙ったキーワードを含めることで、「キーワードに対して記事内容がふさわしい」とGoogleも判断します。検索ユーザーも「求めていた情報だ！」となりますね。

　キーワードを入れる場所は、タイトルの冒頭付近がお勧めです。次の図は「クレジットカード　作り方」で検索した際の検索結果です。

多くのキーワードの検索結果でこのようになっているはずです。

対象キーワードをタイトルの冒頭付近に含めるのがSEO的に正しいというのは、経験則的に得られたもので明確な理由はわかりません。

ただ、基本的に人は記事本文であれタイトルであれ、最初の何語かで自分が読むべき記事なのかを判断しています。

記事のタイトルを見た際、1番知りたいキーワードがタイトルの最後のほうにあった場合、どう感じるでしょうか。

1. クレジットカードの作り方｜通りやすくする方法とお勧めのカード
2. 審査難易度順に分けました！ クレジットカードの作り方

　筆者であれば前者を選択します。最初の「クレジットカードの作り方」の文言を見て、後文は流し読みし、ニーズが合致すればクリックしてサイトへ遷移するでしょう。

　CTR（クリック率）が高い記事はGoogleに高く評価され、結果的に上位表示されます。

　Google的にも重要なキーワードが冒頭にあったほうが拾いやすいのだと思います。

## 🖊 テーマが具体的なロングテールキーワードを選ぼう

　「ロングテールキーワード」とは、検索ボリュームは低いけれど検索意図が超具体的なキーワードのことです。

　売れ筋商品とそれ以外の商品の売上をグラフにした際、売れ筋商品が（背が高い）恐竜の頭に、それ以外の商品が長い尻尾に見えることからロングテールと呼ばれるようになりました。

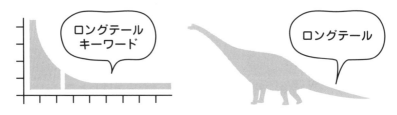

　次の1の「記事」はビッグキーワード、3つ目の「記事　書き方　構成」はロングテールキーワードです。

**キーワードの規模**

1. 記事　　　　　　⇨　たくさん検索されるけれど、ユーザーが何を知りたいのかわかりにくい

2. 記事 書き方　　⇨　ある程度検索されて、ユーザーが何を知りたいのか少しわかる

3. 記事 書き方 構成　⇨　あまり検索されないけれど、ユーザーが何を知りたいのかよくわかる

　タイトルに入れるなら、間違いなくロングテールキーワードの3番です。

**ロングテールキーワードを狙うメリット**

+ 検索意図が明確
+ コンバージョンが取りやすい
+ 上位表示しやすい
+ 流入のほとんどはロングテールキーワード

　ロングテールキーワードは検索者の意図が明確で、タイトルと記事本文の整合性を取りやすい特長があります。

　そして、検索意図が明確かつ具体的であるがゆえ、商品紹介で**コンバージョン（成約）が取りやすい**性質もあります。

　もちろん、キーワードの語数が増えるわけですから検索ボリュームは減ります。しかし、ライバルも少なくなるので検索結果上位表示がしやすくなります。ブログなどで「流入のほとんどがロングテールキーワード」ということはザラにあります。

　このような理由から、記事タイトルを決めるときは、軸キーワードにどのようなロングテールキーワードがあるか調べておくと良いでしょう。

# 04 わかりやすく明確な タイトルの作成方法

タイトルはわかりやすく明確な文章にしましょう。目標文字数や装飾方法など、読まれやすく記事に遷移されやすいタイトル作成方法を解説します。

## ✒ タイトルの分割

　短すぎるタイトルや、長すぎるタイトルは良くありません。**検索結果に表示される文字の限界は32文字**です。それに合わせることを意識しましょう。

　もちろん、32文字を超えたら絶対にダメなわけではありません。また、それ以下でも大丈夫です。

　しかし、タイトルが30文字を超えてくると、1文にまとめるのが難しくなります。次のタイトルを見てください。

> 1日10件売れるアフィリエイト記事の書き方を私が行っている実際の5ステップで解説します

　文章が長すぎて焦点がぼやけています。読みづらく感じるでしょう。これを前後の2文で分けてみます。

> 1日10件売れるアフィリエイト記事の書き方 | 実証済みの5ステップで構成を解説

　前文と後文にタイトルを分けることで、次のように情報を整理して伝えられます。

- 1番伝えたいことを前文
- その補足情報を後文

## ✒ タイトルの装飾

　分割したタイトルは、**記号などを使って装飾**すると見た目的にもわかりやすくなります。前文と後文のつなぎ目を上手に表現したり、長いタイトルに区切りをつけたりすることで、流し読みのユーザーにも目を止めてもらうことができますね。

　実際、HubSpotの調査（https://backlinko.com/get-youtube-views#titlectr）では、**括弧で装飾したタイトルはクリック数が38%も増加**したというデータがあります。

括弧付き投稿はクリック数が38%増加した

POSTS WITH BRACKETS GET 38% MORE CLICKS

NO BRACKETS

WITH BRACKETS

https://backlinko.com/get-youtube-views#titlectr

　次ページに、タイトルに使用するのにお勧めの記号をまとめました。この中でも**「？（疑問符）」を使ったタイトルはクリックされやすい**といわれています。タイトルですべての答えを言わずに「？」で問いかけて記事内に誘導するのも有効です。

| 括弧 | 【】 | 隅括弧 | 区切り | ・ | 中点 |
|---|---|---|---|---|---|
| | 「」 | 括弧 | | ｜ | 縦線 |
| | 『』 | 二重括弧 | | ／ | スラッシュ |
| 感情 | ！ | 感嘆符 | 強調 | ※ | 米印 |
| | ？ | 疑問符 | | | |
| | !? | 感嘆符疑問符 | | | |

# ❶2分割区切り

2分割区切り

①
**ドメイン名の決め方と取得方法**｜ サイトアフィリエイトならこれがお勧め！
②

「｜（縦線記号）」を使ってタイトルを2分割する際は、①の前文に**1番伝えたい内容をキーワードを使って表現**し、②の後文ではその**補足を表現**しましょう。これが一番オーソドックスです。

2分割すると情報が整理されて見やすくなり、クリック率が高まります。

# ❷括弧で2分割

括弧で2分割

①
**【アフィリエイトの始め方】**初心者が最短で稼ぐやり方をKYOKOが解説
②

【】（隅付き括弧、隅括弧）などの括弧を使って装飾した前文と、補足情報の後文で構成された2分割スタイルもよく使われます。

括弧や記号を使ってタイトルを装飾するのも見やすくするポイントです。

## ❸装飾記号ミックス３分割

2分割のタイトルを紹介してきましたが、**3分割のタイトル**もあります。

？（疑問符）や！（感嘆符）などで最初の文を強調し、中央部分に括弧を使って3分割にしたタイトルです。

①の前文に目標キーワードを含め**重要な文章を配置**し、②の**中文にアクセント**を置き、③の後文で**補足情報**を提示する、という感じで分けたタイトルの分割スタイルです。

## 05 | 完読率を高める リード文の作成法

第2章02「魅力的なリード文の作り方」では、リード文に含めるべき要素について解説しました。それに加え、学習し、熟読してもらえるような文章を書けるようになりましょう。ここでは、SEOライティングにフォーカスしたリード文の作成法について角度を変えて解説していきます。

SEOでは**ユーザーエンゲージメント**（コンテンツとユーザーの関係性の深さ。愛着度）がとても重要です。できるだけユーザーに文章にのめり込んで完読してもらう必要があります。

記事の**最後まで読んでもらうための入り口**となるのが記事の**リード文**です。

## ✒ リード文の長さは300文字程度に

リード文はその記事にアクセスしたユーザーがタイトルの次に目にするコンテンツです。リード文でユーザーの心をしっかりキャッチできなければ、先へ読み進めてもらえません。

記事にアクセスしてきたのが10人だとして、8人がリード文を読み、さらにその内の2人が先を読み進めるという話もあります。そのくらいリード文での離脱率は高いのです。

リード文でダラダラと長い文章が続くと、読者は読み進められず離脱します。そのため、リード文は（適切に）短めにして、早めにメインコンテンツに読者を誘導する必要があります。

ちなみに、筆者のブログのさまざまな記事のリード文の文字数を計測した結果、ほとんどが300文字前後でした。多くても500文字を超えるリード文は長すぎると感じています。

読みやすい文章で、ときには画像も使いつつ、ポイントをかいつまんだリード文を意識しましょう。

## ◇ リード文にはキーワードを入れるべし

これは筆者の経験則ですが、**Googleは記事の内容をキーワードやキーワードの関連性で判断している**ように感じます。公表されている資料以外は推測でしかありませんが、おそらく間違いありません。

例えば「ライティングについて」という記事中に「サンリオ」や「ミッキーマウス」などのキーワードが頻出したらGoogleは混乱します。

タイトルに含まれるキーワードが記事全体の大枠のテーマだとすると、大枠のテーマに合ったキーワードや関連キーワードが文中に入っていないと整合性が取れないと判断されるわけです。

**リード文は記事の始まりなので検索エンジンも重要視**しています。また、ユーザーにとっても最初に目にする場所です。関係ない言葉を並べるのはデメリットはあってもメリットはありません。

リード文にはキーワードを含んだ文章を書きましょう。

> **リード文例**

### 副業Webライターで月3万円稼ぐ始め方

当記事では副業Webライターで月3万円稼ぐ始め方について解説していきます。

副業を始めようと思ったら、Webライターが第一選択肢に上がってくることも多いはず。

私も最初はWebライターから始めましたし、今でも私は文章屋です。

- YouTubeの台本
- 365日のメルマガ
- 自社サービスのコンテンツ制作
- ブログの更新
- 各種SNSの運営

- 本の執筆

などなど、日々文章を書きまくっています。

Webライターとしてお仕事をした経験もありますし、クライアントの立場として発注側にいたこともあるので、わりとリアルな話ができると思っています。

### 当記事はこんな人におすすめ

- 自宅で手軽にできる副業を探している
- 文章を書く仕事がしたい
- Webライターで稼いでみたい
- Webライターとして稼ぐ手順や具体的な方法が知りたい

即金性の高いWebライターで副業を始めたい方はこの記事1本読むだけですぐに収益化が図れるはずです！
10分で読み切れるのでぜひ最後までお付き合いください。


このリード文例は、故意にキーワードを挿入したわけではありません。記事のテーマに沿ってライティングすれば自然とこうなります。

SEO対策を目的に日本語としておかしくなるほどキーワードを含めるのは推奨しません。記事テーマにフォーカスしてリード文を書けば、必然的にキーワードが含まれた文章になるはずです。


## 🖋 完読率を上げるテクニック

読者が最後まで記事を読むのは、どういう条件を満たしたときでしょうか。

忙しいネットユーザーであれば、記事内に自分の知りたいことが書いてあることが1つのポイントになるでしょう。また、記事が自分にとって本当に必要な情報であるというのもポイントです。

記事の完読率を上げるためには、読者へいち早くそれらを伝える必要

があります。

　リード文で記事が自分にとって価値のあるものだと判断されれば、読者もその心づもりで文章を読んでくれます。

　リード文で記事の価値を伝えるにはどうすればいいのでしょうか。次の３つの方法をリード文で実践しましょう。

**記事の価値を伝える３つの方法**

❶ この記事でわかることをまとめる
❷ 結論のまとめを先出しする
❸ ターゲットユーザーを明らかにする

## ❶この記事でわかることをまとめる

　目次の役割とほぼ一緒ですが、目次にたどり着く前にこの記事でわかることを簡潔にまとめるとベストです。例えば記事の冒頭に次のような説明があれば、記事の全体像が一目でわかります。

**この記事でわかることをまとめる**

### この記事の内容

1. Webライターとは
2. 副業でいくら稼げるのか？
3. Webライターに必要なスキル
4. Webライターを始める手順
5. Webライターで稼ぎ続けるコツ

読者は自分が知りたい内容がここにあれば読み進めるでしょう。

## ✒️ ❷結論のまとめを先出しする

　Webの文章には起承転結は不要だと前述しました。記事全体においても同じです。

　記事のリード文で記事全体の結論をまとめて先出しするのは、読者にとっても親切そのものです。

結論のまとめを先出し

> ### 副業Webライターで月3万円稼ぐ始め方
>
> 結論：Webライターとして副業で稼ぐためには
> 　　　次の流れで進めていきます。
>
> ① SEOライティングを勉強する
>
> ② クラウドソーシングサイトに登録する
>
> ③ 案件に応募する
>
> ④ 専門分野を開拓する
>
> ⑤ 案件単価を上げる

　リード文エリアで結論がまとまっていれば、読者としても「読んだ後にガッカリ」ということはありません。

## ✒ ❸ターゲットユーザーを明らかにする

「この記事が誰に向けて書かれたものなのか」をリード文で明らかにすると、読み手の意識が「他人事」から「自分事」に変わります。

リード文で記事のターゲットユーザーを明らかにする

### 当記事はこんな人におすすめ

- 自宅で手軽にできる副業を探している
- 文章を書く仕事がしたい
- Webライターで稼いでみたい
- Webライターとして稼ぐ手順や
  具体的な方法が知りたい

ターゲットに自分が該当すればその記事は読む価値がありますよね。

これらすべてを駆使する必要はありませんが、記事のテーマに応じてリード文にこれらの要素を適切に入れ込みましょう。

読者の「読んでハズレだったらどうしよう……」という損失回避の心理をカバーでき、記事本文へ読み進めてもらえるはずです。

検索意図を網羅する
見出し構成の作り方

SEOで検索上位表示するためには、記事テーマであるキーワードに対する
検索意図を記事内で網羅していく必要があります。言い換えると、検索者
の意図を読み取って、適切な回答を記事に盛り込めるか、ということです。
ここではその方法について解説します。

　検索ユーザーの検索意図を網羅した記事にするためには、記事の骨格
となる見出しと、中身である文章の両方で検索意図をカバーしていかな
くてはいけません。

　文章自体は骨格である見出し構成が決まればすんなりいきます。問題
なのは**見出し構成**。

　ここは難しいところですが、どのようにして読者の疑問の声にくまな
く答えていけばいいのかが、Webライティングにおいて重要度の高い
ポイントです。

　少し難しい話になるかもしれません。なるべくわかりやすく解説する
ので、何度も読み直すことをお勧めします。

## 検索意図を考える

　「**キーワードを決める**」ということは、つまりその記事のテーマを決
めることなのですが、テーマが決まったとしてその答えをどうやって返
していくかが問題です。

　筆者が運営する副業の学校でも「**キーワードに対する答えを正確に**」
と常日頃教えていますが、この意味を深く理解するのは困難です。

　ここでは検索意図を読む力、つまりキーワードからユーザーのニーズ
を見抜く力をテストします。

**検索キーワードから検索意図を読む**

例えば「子育て　怒らない」という検索キーワードがあります。

この語句で検索するユーザーの意図は何でしょうか。ほとんどの人は「怒らない子育て方法」といった記事を書くでしょう。

それは必ずしも間違いではないのですが、完全にマッチしているかというと微妙です。

なぜなら、表面に見えている手っ取り早いニーズにしか答えられていないからです。「子育て 怒らない」から、筆者であれば次のような推測・推察を立てます。

**筆者の推測**

顕在ニーズ【表面的なニーズ】
　⇨「子育てをしていくうえで怒らない方法を知りたい」
　⇨「良い子に育ってほしい・子育てで後悔したくない」

このキーワードのペルソナ【ターゲットユーザー】
　⇨0歳から10歳位までの子どもがいる
　　子育てに憤りを感じているママ

【検索意図】

❶ 怒らないで子供を育てる方法
・いつから始めたほうがいいのか？
・どうやってすればいいのか？ コツ・秘訣など
・おすすめの本は？

❷ 怒らないで子供を育てるとどうなるのか
・わがままにならないか？
・周りに迷惑にならないか？
・その結果、末路はどうなるのか？

❸ 怒らない子育てをした先輩ママの口コミ
・その結果後悔した人はいないのか……
・成功例は？

　「子育て 怒らない」で検索する人は、表面上は「怒らずに子育てをする方法」を探しているように見えますが、深いところでは上手くいかない子育ての中で、次のような欲求を持っていると推測できます。

- 後悔したくない
- 我が子が良い子に育ってほしい
- なんとかしたい

　「子育て 怒らない」の検索意図は単に「怒らない子育て方法」だけではなく、❷❸のような「子育てで後悔したくない」という親のニーズも拾っていかなくてはなりません。

- 怒らないで子供を育てるとどうなるのか
- 怒らない子育てをした人の実体験から、
  その後の見通しを立てたい

　検索意図をすべて満たしたコンテンツを作ることは、検索エンジンと

ユーザーいずれにも評価されるために、とても大事なことです。

　「これって勘で適当にやってない？」と思う人もいるかもしれません。もちろん、検索意図の導き出し方は思いつきで適当にやっているわけではありません。

　ツールを使って調査して、手順に従ってロジカルに最適解を導き出した後、それに加えて読者の立場になって感情的な側面も汲み取って作っています。

## 検索意図の最適解の見つけ方

　あるキーワードにとって最適な答えは何でしょうか。

　SEOで上位表示するために大切な**検索意図の最適解**は、検索結果（Search Engine Result Pages：SERPsサープス）を見るとある程度わかります。

　上位表示しているサイトの多くは、検索キーワードに対して適切な答えを返しているサイトです。

　逆説的ですが、**キーワードの検索意図をより包括的に満たした記事が、Googleによって上位表示されている**と言えます。

　上位表示している記事こそが、キーワード検索の意図を満たしていると言えるのです。上位記事の見出し傾向を読み取って盛り込みつつ、他のページにはないオリジナリティを持つことで、高いSEO評価を受けることができます。

　検索意図にマッチしているかを測る指標は、Googleの品質評価ガイドラインでは「**needs met（ニーズメット）**」と呼ばれており、上位表示に欠かせない重要な要素となっています。

　SEOでは、検索するユーザーの手間を省いて一発で悩みを解決するコンテンツが評価されます。

　検索結果からアクセスしたページにユーザーが知りたいことが書かれていなかったり、情報がまとまっておらず読みにくかったりした場合、ユーザーはブラウザバックなどでそのページから離脱します。これはSEO的には大きなマイナスポイントです。

検索結果の1ページ目に表示されているサイトと、4〜5ページ目に表示されているサイトの内容を見比べてみましょう。ページ数が進むにつれ、求めている情報との乖離が生じてきます。

例えば「ニキビ　原因」というキーワードで検索してアクセスしたページの内容が、次のようならどうでしょう。

**ユーザーの検索意図に答えていない**

**タイトル：ニキビの原因を考える**

**ニキビの原因は、肌の清潔を保てないことにあります。**

**対策方法は、ちゃんと顔を洗って化粧水で保湿することです。**

「そうだけど……」となりますよね。なぜなら、「ニキビ　原因」で検索している人は、必ずしもニキビの原因を知りたいわけではないからです。

「ニキビ　原因」で検索する人の背景を考えてみましょう。

- なぜニキビができるのか…心当たりがないのに…
- 場所によって原因はちがうのか…
- 原因を知って対策がしたい

このような思いがあるはずです。検索者の背景を見出しで対策し、検索意図をカバーしていく必要があります。

## 見出し構成に必要な要素の抜き出し方

見出し構成に必要な要素の抜き出し方について、具体的に解説していきます。大きな流れは次のとおりです。

❶ 上位サイトの見出し構成を参考にする
❷ 関連キーワードも参考にする
❸ 再検索ワードも考慮する
❹ キーワード以外からも読者の心を読み解く

## ❶上位サイトの見出し構成を参考にする

　任意の検索キーワードで上位に表示されている記事の見出し構成を参考にします。キーワード検索し、検索結果上位のページに1つ1つアクセスして内容を確認してもいいのですが、それだと手間がかかるのでツールを使いましょう。

　159ページでも紹介した**ラッコキーワードの「見出し抽出」**を使ってキーワード検索すると、上位20位の記事の見出し構成が丸裸になります。

ラッコキーワードの見出し抽出

https://related-keywords.com/

見出し抽出機能を使って表示される「H2」や「H3」という表記は見出しの階層です。

ホームページの見出しはHTMLの「見出しタグ」で作られています。

HTMLタグ

- タイトルタグ
- H1タグ
- H2タグ
- H3タグ
- H4タグ
- H5タグ
- H6タグ

数字が小さいほど上層の見出しであり、重要度も高くなります。通常はH2が大見出しで、H3以下が小見出しといったイメージですね。

ツールを使って上位記事の見出しを見ると、共通点が見えてきます。それが検索キーワードで絶対に外せないトピックだと思ってください。

今回の場合だと、次のような項目は必須トピックになりそうです。

- ニキビの原因
- 場所別の原因
- ニキビの種類
- ニキビができるメカニズム

検索上位の記事には、これらのどれか1つか、あるいは複数のトピックが必ず入っています。

自分の記事では、なるべくすべてをカバーしつつ、プラスαでオリジナルのトピックも付け加えたいところです。

## ❷ 関連キーワードも参考にする

　Googleの検索結果の最下部に表示される**「関連キーワード」**は、検索キーワードと関連性の深いキーワードです。ユーザーが検索キーワードでは求めている答えがなかった場合に、再検索した際のキーワードが載っています。

`関連キーワード`

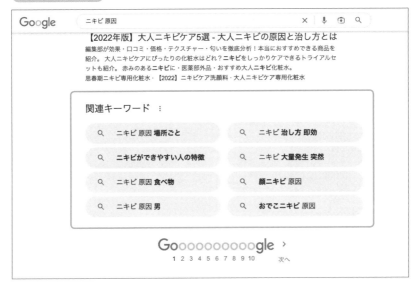

　関連キーワードを見ると「ニキビ原因」で検索した人は、主に次のようなことが知りたいのだとわかります。

- 場所ごとの原因も知りたい
- 顔にできるニキビの原因が知りたい
- ニキビの原因となる食べ物について知りたい
- ニキビができやすい人の特徴について知りたい
- ニキビをなるべく早く治す方法が知りたい

　上位表示している記事内でこれらのトピックを取り扱っていないので

あれば、再検索されたのでしょう。再検索してまで知りたい内容なので、これから作成する記事の見出し構成には含めるべきですね。

## ③再検索ワードも考慮する

関連キーワード以外にも、**再検索ワードを簡単に取得できる方法**があります。

「Extract People also search phrases in Google」というChromeの拡張機能を使うと、Google検索で再検索ワードを見ることができます。

Extract People also search phrases in Google

ニキビ 原因 場所ごとニキビができやすい人の特徴ニキビ 原因 食べ物ニキビ 原因 男ニキビ 治し方 即効顔ニキビ 原因
他の人はこちらも検索
ニキビ 原因 場所ごと
ニキビができやすい人の特徴
ニキビ 原因 食べ物
ニキビ 原因 男
ニキビ 治し方 即効
ニキビ 大量発生 突然
顔ニキビ 原因
おでこニキビ 原因

Jaroslav Hlavinka, @neologyc, BUG REPORT, updated 2021/02/09. Prague CZ
TIP: I usually get more keywords when I'm logged in my Google account.

https://chrome.google.com/Webstore/detail/extract-people-also-searc/jepjhbfaflooeafdniebnnjfdpcdkejd/related

再検索ワードは、検索して答えを得ることのできなかった検索ユーザーがもう一度検索し直したキーワードです。必ずチェックしておきましょう。

# ✒ ❹キーワード以外から読者の心を読み解く

　ここまでは、キーワードの検索上位ページの内容や、検索キーワードの関連キーワードなど、キーワードを元に検索意図を調べてきました。これはどちらかというと表面的なニーズ（顕在ニーズ）です。

　ここでは、検索ユーザー本人も気づいていない潜在ニーズを掘り起こしていきます。

　検索ユーザーは深いところではどのようなことに悩んでいるのか、深掘りするためQ&Aサイトからリアルな悩みの声を調べていきます。

　Q&Aサイトには次のようなものがあります。

- Yahoo!知恵袋　https://chiebukuro.yahoo.co.jp/
- 教えて!goo　https://oshiete.goo.ne.jp/
- 発言小町　https://komachi.yomiuri.co.jp/
- OKWAVE（オーケーウェイヴ）　https://okwave.jp/

　例としてYahoo!知恵袋で調べてみました（次ページ参照）。見てみると「ニキビ　原因」で調べた結果「ニキビ跡」について悩んでいる人が、かなりいました。

　これは、キーワードだけ見ていてはわからなかったことです。

　1つ1つの投稿を見てみると、どのようにしたらニキビ跡を消せるのか、その対策について悩んでいる投稿がほとんどでした。

　このようなトピックも見出しとして盛り込んであげると、読者に親切な記事を作ることができますね。

**YAHOO! JAPAN 知恵袋**　　新規登録
プレミアム会員　[今週まで]アプリで使えるクーポン配布中

[ ニキビ　原因 　　　×　🔍 ]　カテゴリ　Q&A一覧　公式・専門家　　　　　💬 質問・相談

### 本気でニキビを減らしたい方 - 皮膚科学に基づく、根本ケア
肌に優しい保湿成分とニキビケアに有効な成分を兼ね備えたニキビケア基本の3ステップ。日本人の
肌質に合わせたニキビケア。無料プレゼント付き。60日間返金保証、シバリ無し。日本人肌を考え抜
いた処方・60日間全額返金保証・リスクゼロでまずはお試し。国内366万人以上が愛用・洗顔ブラ…
広告 www.proactiv.jp/プロアクティブ/公式通販 ▼

### 思春期ニキビにふきとり化粧水 - クチコミで人気のオードムーゲ
オードムーゲは'くり返すニキビ・肌あれ予防'を考えたスキンケアブランドです。くり返すニキビ肌
あれ予防・メイク残りや汚れ角質除去・いつも清潔なお肌に・ふきとりケア・ふきとり化粧水・薬用
ローション・洗顔後にサッとふくだけ・タイプ：メイク落としジェル、泡洗顔料さっぱりタイプ、泡…
広告 www.kobayashi.co.jp/小林製薬公式/ふきとり化粧水 ▼

### ニキビ肌に悩む人は絶対使って - 【徹底比較】男性向けニキビケア
男性の【おでこ・頬・鼻ニキビ】にノンコメドジェニックのニキビ化粧水が本当におススメ！男性の
【おでこ・顎・鼻ニキビ予防】に即効ケア！人気の薬用ニキビケアTOP5はこれ。低刺激・無添加。
広告 www.good-cosme.com/医薬部外品/ニキビ薬用ケア ▼

### 子供の思春期ニキビは病院で相談 - 夏休みに始める思春期ニキビ治療
ニキビは早めの治療が大切。ニキビの原因とお子様に合った治療を専門医と一緒に見つけましょ
う。ニキビは隠さずしっかり治そう。おでこ・顎・デコルテの思春期ニキビもお医者さんに相談。
広告 www.maruho.co.jp/ニキビのことは/皮膚科に相談 ▼

### ニキビ、ニキビ跡が治りません。皮膚科には行きました（美容皮膚科には行って…
エビデュオゲルを処方してもらってます。紫外線対策、睡眠、食生活、顔を触らないなどニキビの出来にく
い生活を自分なりにネットなどで調べて実行…
解決済み　🕐 2022/7/9 23:30　💬 3　👁 57
健康、美容とファッション ＞ 健康、病気、病院 ＞ ニキビケア

### ニキビ、ニキビ跡について教えてください。去年の1月頃から白ニキビが大量に…
ニキビ、ニキビ跡について教えてください。去年の1月頃から白ニキビが大量に増えて、皮膚科にも行き、
色んなスキンケアを試しましたが、ニキビが増えていく一方で、どんなけ触らずに頑張っても全部跡になり
ます。今は、ロゼット…
解決済み　🕐 2021/4/11 13:02　💬 3　👁 24
健康、美容とファッション ＞ 健康、病気、病院 ＞ ニキビケア

### ニキビ、ニキビ痕について悩んでいます。詳しい方教えてください。(写真) 現高…
男子です。中3までは肌荒れ一つも起こさなかったんですが、コロナでマスクをつけるようになってから一気
に肌が荒れてしまって、マスク…
解決済み　🕐 2021/6/29 21:04　💬 2　👁 25
健康、美容とファッション ＞ 健康、病気、病院 ＞ ニキビケア

### ニキビ、ニキビ跡について 中学に入ってから肌荒れが気になって、ニキビや、…
ニキビ、ニキビ跡について 中学に入ってから肌荒れが気になって、ニキビや、ニキビ跡が気になっていま
す。しかしなかなか治らなくてどうやったら治るのか教えてください。ちなみにまだ中学生なのでダーマ
ペンなどそういったこと…

**検索対象**

すべて (50,957件)
回答受付中 (52件)
解決済み (47,660件)

**表示順序**

関連度順　　▼

より詳しい条件で検索

## ✒ 見出しの流れを整える

　これまでの作業で検索キーワードの見出し構成に必要な要素を抜き出せたら、見出しの流れを整えていきます。

　ここまで解説した方法で調べた結果、次のような検索意図がありましたね。

**見出し構成に必要な要素**

### 関連キーワードでわかった検索意図

- 場所ごとの原因も知りたい
- 顔にできるニキビの原因が知りたい
- ニキビの原因となる食べ物について知りたい
- ニキビができやすい人の特徴について知りたい
- ニキビをなるべく早く治す方法を知りたい

### 上位サイトの見出し傾向からわかった検索意図

- ニキビの原因
- 場所別の原因
- ニキビの種類
- ニキビができるメカニズム

### Q&Aサイトからわかった検索

- ニキビ跡について知りたい

　重複する部分があるので、これらを綺麗にまとめていきます。

　検索意図を網羅して整えると、次のようになります。

**検索意図を網羅して整える**

- **ニキビができる原因**
  - ニキビができるメカニズム
  - ニキビができやすい人の特徴
  - ニキビができる食べ物

- **ニキビ跡にならないように速攻治す方法**
  - ニキビ跡になる原因
  - ニキビ跡にならないようにする方法

- **場所別のニキビの原因**
  - 額のニキビ
  - 頬のニキビ
  - フェイスラインのニキビ
  - 体のニキビ

- **ニキビの種類について**
  - 白ニキビ
  - 赤ニキビ
  - 黒ニキビ
  - 思春期ニキビ
  - 大人ニキビ

実際に記事を書いていく際には、継ぎ足したり不必要なトピックを削ったりしなくてはいけません。

現段階では、まず洗い出した要素を整理しました。

次に、読者の見やすい順番に整えていきます。

**話の順番を整えよう**

**この順番で話が進むとどう思うか…？**

- ニキビ跡にならないように速攻治す方法
- ニキビの種類について
- 場所別のニキビの原因
- ニキビができる原因

**結論から話すとわかりやすい**

- ニキビができる原因
- 場所別のニキビの原因
- ニキビの種類について
- ニキビ跡にならないように速攻治す方法

繰り返し説明していますが、ネットユーザーはとても多忙です。早めに答えを提示しないと離脱されます。

今回の場合は「ニキビ　原因」が記事のテーマなので、「原因についてのトピック」は記事の冒頭に配置するべきです。

次に補足情報として、「ニキビの種類」や「ニキビ跡にならないようにする方法」などを添えると、話の流れとしてもスムーズになります。

# 07 | 有益な外部リンクを使おう

今日、SEO対策では「信頼性・信憑性」が重要です。そのため、エビデンス（根拠）を示すことがとても大切です。コンテンツのエビデンスは「有益な外部リンクを飛ばす」ことで対策できます。

## 有益な外部リンクについて

「有益な外部リンク」について解説します。そもそも「有益な外部リンク」とはどのようなものでしょうか。

「ビタミンC誘導体は、美白や毛穴の開きに効果があります」という主張を記事でしていたとします。この主張の信憑性を担保するために、どのようなエビデンスを示せばいいか考えてみましょう。

例として、次のような例を考えました。

**エビデンス例**

❶ 自分で調べてそのまま情報を記載する
❷ 自分たちと同じような匿名のブロガー・またはアフィリエイターの文章から引用
❸ クリニックなどのホームページから情報を引用
❹ 厚生労働省や論文等から引用
❺ 厚生労働省や論文等から信憑性のある情報を引き出し、自分の言葉でまとめて参考元としてURLを記載する

❶と❷は信憑性が薄いことがわかると思います。❸❹❺はエビデンスとして成り立つでしょう。

「それってどこからの情報なんですか？」というユーザーの心の声に

リンクで答えることがコンテンツの信頼性につながります。

　また、外部リンク先サイトのクオリティーも重視しなくてはいけません。誰が書いたかよくわからない情報をソースとして提示しても、意味がないのです。

　検索エンジンが「信頼性が高い」と評価しているサイトの情報を、参考元として引用（発リンク）します。有効な発リンク先の例です。

- 厚生労働省のサイト
  https://www.mhlw.go.jp/index.html
- PRタイムズのサイト
  https://prtimes.jp/
- Wikipedia
  https://ja.wikipedia.org/wiki/
- 時事通信
  https://www.jiji.com/

国や研究機関のサイト、新聞社や通信社のサイトの記事などは信頼性が高い情報です。その他にも、総務省統計局や生活定点のデータを参考元として提示するのも良いでしょう。

他に、論文を検索できる「Google Scholar」（https://scholar.google.co.jp/）というサービスもあります。信頼性のある情報や文献を検索できます。

**Google Scholar**

https://scholar.google.co.jp/

## 発リンクはSEO的にマイナスにならない

以前は「発リンクするとアクセスが逃げてよくない」という考えが通説でした。そのため、今でも発リンクをできるだけ避けるようにしている人も少なからずいます。

しかし、有益なサイトへの発リンクはマイナスになるどころかプラスになります。

最近では、アクセスが逃げるリスクよりも、コンテンツの信頼性を高めることの重要度が高くなっています。

また、発リンクが「ユーザーにとって有益」であれば、それは絶対にリンクするべきです。

ユーザーを第一に考えてコンテンツを作成することが、最終的に検索エンジンの評価を高めてSEOとしても有効になります。

## ✒ 有益な外部リンクのコツ

　記事から外部リンクするのは、次のようなシチュエーションがあります。

> - 成分や効果の信憑性について
> - 情報の信憑性が疑わしい場合の裏付け
> - 実体験に付随する補足情報

　これは一例ですが、このような場合は**有益な外部リンク**をすることで記事の信憑性が高まります。

　外部リンク先のソースは、検索で探しましょう。

　例えば肌荒れを防ぐ効果がある成分「グリチルリチン酸ジカリウム」の有用性を裏付けたい場合は、「グリチルリチン酸ジカリウム　論文」などでキーワード検索をすると情報を探せます。

　リンクする場合は、リンク先記事を簡単に引用してリンクすると、読者が理解しやすく親切です。またリンク先のコンテンツがわかりづらい（難しい）場合は、自分の言葉で簡単な説明をまとめ、テキスト下に参考元としてリサーチ対象のURLを記載するといいでしょう。

自分の言葉でまとめる

グリチルリチン酸は抗菌作用により
炎症している赤ニキビに効果的！！

参考元URL ▶ https://xxx.jp

or

引用する

引用タグで囲む

> グリチルリチン酸ジカリウムの主な作用・効果
>
> ・抗炎症、抗アレルギー作用
> ・アラキドン酸代謝経路阻害作用
> ・肥満細胞からのヒスタミン遊離抑制作用
> 　（ヒアルロニダーゼ活性阻害作用）
> ・敏感肌症状改善作用
> ・NGF（神経成長因子）mRNA発現抑制作用
> ・ヒトボランティア試験における化粧品塗布時の
> 　不快感
> 　　（スティンギング）抑制作用
> 　　（外現規グリチルリチン酸ジカリウム配合製剤にて
> 実施）

引用元 ▶ http://www.maruzenpcy.co.jp/
product/ke/k/guritiruretin2k.html

# Webライティングに役立つ心理学3選

## ❶ 両面提示

「両面提示」はメリットだけでなくデメリットも示すことで、信頼を獲得する心理テクニックです。人は良いことだけを言う人のことを「怪しい」と疑います。「この商品良いんですよ」「何十万人の人が買っていて」「お値段も激安です」などと良いことだけを並べられても、逆にうまい話には裏があると身構えてしまうのではないでしょうか。

ライティングのときも、物事の良い側面だけを摂取するのではなく、あえてデメリットは誠実に開示するようにしましょう。

## ❷ カリギュラ効果

カリギュラ効果は「禁止されるとやりたくなる」心理効果です。ダメと言われると、逆にやりたくなってしまうものですよね。

カリギュラ効果はコピーライティングでよく用いられます。例えばブログ記事のタイトルや広告のコピーなどで「絶対に見ないでください」「悪用厳禁」「やせたい人以外閲覧禁止」などと書いてあったらどうでしょう。絶対開いちゃいますよね。こんなふうに言われると「そこまで禁止するほど効果があるのか……」と思ってしまいそうです。

## ❸ ブーメラン効果

「ブーメラン効果」は、説得されるほどその行動を取らなくなる心理効果です。商売に説得は不要です。大事なのは気づきを与えることです。

- 問題提起
- 悩みの寄り添いと共感
- 潜在ニーズの言語化

顧客に行動を起こさせたいのなら相手サイドの考え方が必要です。こちらが先回りして悩みを解決してあげた先にユーザーの行動があります。

消費者というのはいつでも「自分で決めて」行動したいのです。メリットの列挙、性能の説明、あなたが話したいことなどは、驚くほど読者には響きません。説得せずに気づきを与えるライティングをしましょう。

# 第 7 章

# Webライティングで
# 使えるフレームワーク

記事の構成を考える際、毎回ゼロから作っていくのは骨が折れます。行動心理学やさまざまな法則に基づいて確立されているフレームワーク（型）があるので、そこに当てはめて文章を作ってみましょう。当てずっぽうで適当に作る構成とは、打って変わって論理的な構成になります。

ここでは、ライティングの世界でも有名な5つのフレームワークを紹介していきます。

# 01 | PREP法

> PREP法は論理的構成を作ることができるフレームワークです。文章全体の論理的な構成を作り出すことができる特徴があります。

第2章や第5章でも解説しましたが、**PREP法**は論理的構成を作るフレームワークです。

最初に総論・結論を書き、次にその理由・事例を説明、最後にまた結論を書くという構成です。**PREP法はライティングのフレームワークの王道**です。

**PREP法の全体像**

| | | |
|---|---|---|
| **P** | POINT | 総論 |
| **R** | REASON | 各論（理由） |
| **E** | EXAMPLE | 各論（事例） |
| **P** | POINT | 総論 |

起承転結が不要なWebの文章にはピッタリなフレームワークですね。答えを先にバシッと示してから「なぜなら〜」と続ける、王道の構成です。

筆者の場合は、理由や具体例の各論以外にも、**「体験談」を各論として挟む**と良いと思っています。

各論の1つに体験談を含める

実際にPREP法を記事に活かすと次のような感じになります。

PREP法を使った記事の構成例

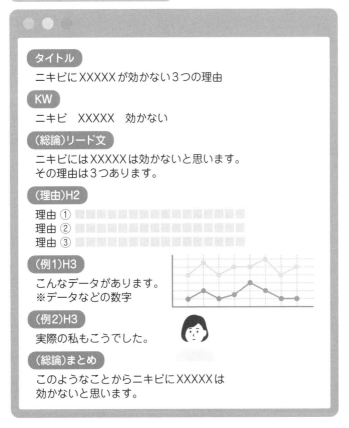

# 02 | パラグラフライティング

記事のテーマが壮大すぎると途中で話が迷子になることがありますが、パラグラフライティングを用いれば見やすく整理できます。明確な定義はありませんが、筆者個人的にはPREP法の大型版と考えています。

「**パラグラフライティング**」は、テーマの大きな話を、文のかたまりにまとめてロジカルに展開するライティング法です。

パラグラフライティングの全体像

通常の記事は、リード文で総論を述べてから各論に移りますが、パラグラフライティングでは、各論を1つの大見出しだと考えて、大見出しで伝えたいことや答えも、**各大見出し内でPREP法の構造で解説していく「入れ子」構造**になっているイメージです。

　各大見出しがPREP法で書かれた1記事だと考えるとわかりやすいかもしれません。

　SEOの観点だと、ここまで構成が壮大になるのは**ビッグキーワード**で記事を書くときでしょう。キーワードのサイズ感が大きくなければ、記事の階層がこのように深くなることもないですからね。

　一般的な解釈ではないかもしれませんが、パラグラフライティングには次の2つのタイプがあると筆者は考えています。

## ✒ トピック列挙タイプ

　「**トピック列挙タイプ**」のパラグラフライティングは、解説するテーマの規模感がそろっていて、大見出しで並列しているものです。

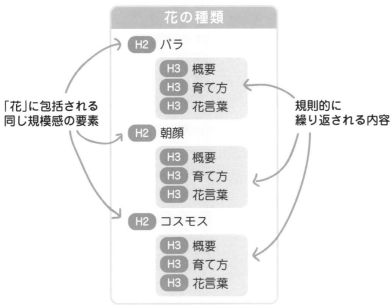

トピック列挙タイプ

このタイプの記事構成では、大見出しの順番を入れ替えても問題ありません。

**1つ1つの見出しが1記事**のようなものなので、見出しごとにかいつまんで読むこともできます。

ユーザー視点だと、目次から読みたい部分だけをつまみ食いできるので便利です。

## ⚗ ストーリータイプ

もう1つは「**ストーリータイプ**」のパラグラフライティングです。

ストーリータイプのパラグラフライティングは、各大見出しに縦のつながりがあるときに使います。

縦のつながりとは時系列や因果関係などです。

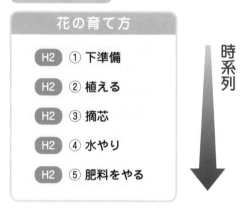

ストーリータイプでは、大見出しの順番を入れ替えると記事全体がおかしくなります。見出しの順番自体に意味があるので、入れ替えると読者が意味を読み取れなくなってしまいます。

ストーリータイプは情報主体のサイトよりも、個人ブログで使うことが多いかもしれません。

# 03 | PASONAの法則

記事にはさまざまな目的がありますが、その1つに「問題解決」があります。読者は悩みがあるので検索し、問題を解決したいから記事を読みます。ここでは、もっとも効果的に相手の問題を解決する文章構成「PASONAの法則」を紹介します。

## 📝 PASONAの法則の全体像

「**PASONAの法則**」は**問題解決に特化**したライティングのフレームワークです。PASONAの構成は次のとおりです。

PASONAの法則の構成

| P | Problem | ⇨ | 問題提起 |
| A | Agitation | ⇨ | 問題点のあおりたて |
| SO | Solution | ⇨ | 解決策の提案 |
| N | Narrow Down | ⇨ | 限定性・緊急性 |
| A | Action | ⇨ | 行動させる |

最初に問題提起とあおりたてで、問題点の重大さを明確にします。

次に解決策を提案します。限定性あるいは緊急性を持たせて行動する

必要性を読者に伝え、最終的には行動を促して記事をクロージングします。

## 販売ページ（LP）でよく使われる

勘のいい人はお気づきかもしれませんが、**販売ページ（LP）**ではPASONAの法則を使うことが割とオーソドックスです。

顧客の悩みを明確にして、解決策として自分の商品やサービスを提案し、最終的にクロージングに持っていく。

販売ページの構成としてベストですよね。

他にも、悩み系のキーワードやネガティブ系のキーワードの記事の場合、PASONAの法則に則ってライティングしていくと、読者の不安や問題に寄り添った記事が書けます。

問題のあおり立てで、読者の不安感をあおってネガティブな感情に訴えるのは逆効果になります。共感・親近感で訴えるようにしましょう。

# 04 | AIDMAの法則

ビジネスとしてライティングしているとき、記事内で商品を紹介することはよくあります。しかし、漫然と書かれた文章では、人は簡単に物を買いません。人が商品を購入するときの心の流れというものがあります。この購買心理に則って作られた構成が「AIDMAの法則」です。ここではセールスライティングにもってこいのAIDMAの法則について紹介します。

## ⚗ AIDMAの法則の全体像

「**AIDMAの法則**」は、人が物を購入するまでの消費活動の仮説です。この仮説はライティングのフレームワークとしても使えます。

AIDMAの法則の構成は次のとおりです。

**AIDMAの法則**

| | | |
|---|---|---|
| **A** | Attention | 注意 ＝ リード文 |
| **I** | Interest | 興味 ＝ 問題提起 |
| **D** | Desire | 欲求 ＝ 問題解決 |
| **M** | Memory | 記憶 ＝ ベネフィット |
| **A** | Action | 行動 ＝ アクション |

記事の冒頭であるリード文で驚きや注意を引き、次に読者の問題をズバリ提示します。

　メインコンテンツで問題の解決策を提示し、ゴールである商品を欲しいと思わせます。

　最後のひと押しでしっかりと印象づけるために、商品を買った先の未来、つまりベネフィットを提示し、最後は商品情報を提示して読者に行動を促します。

## アフィリエイトやLP向けフレームワーク

　セールスに関係するコンテンツの作成時に、AIDMAの法則が活用できます。例えばアフィリエイトやLPなどは、このフレームワークがぴったりはまります。

　商品の購入をゴールに記事を書くときは、AIDMAの法則を使ってみてください。

AIDMAの法則は古くから用いられていますが、それは王道の証ともいえます。AISASなどのAIDMAから派生したフレームワークもあります。

# 05 | 三段論法

書き方次第で文章の説得力は大きく変化します。話の順序次第では、相手に「信憑性の欠ける文章だ」と感じさせることもありますし、逆のケースもあります。ここでは、文章に説得力を持たせる論理的文章術「三段論法」について紹介していきます。

## 三段論法の全体像

最後に紹介するのは「**三段論法**」です。

三段論法は実は複雑で、本書で解説する構成がすべてではありません。ここでは記事作成に役立つ、比較的オーソドックスな三段論法について解説していきます。

構造としては、最初に述べた結論に対して、とにかく**説得力を持たせることに特化した文章術**だと思ってください。

論文や弁論などに使われることも多く、不確かな情報や反対意見に対して、圧倒的な証拠を出しつつ論理的に話を進めていきます。

そのため、一方で文章が堅いイメージになる傾向があります。

**三段論法の全体像**

❶ 主題
❷ 大前提（理由）
❸ 小前提（証拠）
❹ 結論

例文を出してみましょう。

❶ 主題

Webライティングはネット世界で最強の武器になる。

❷ 大前提（理由）

なぜならネット上では画面を通して文章で物事を伝えるからだ。

❸ 小前提（証拠）

実際にネット上の全てのプラットフォームは「動きのあるなし」こそあるものの、すべて「言葉」を介している。

一見「文章」とは関係のなさそうなラジオやYouTubeでさえ、わかりやすく伝えるための台本は「文章」を使うのだ。

❹ 結論

そう考えると、やはりWebライティングはネットの世界で必須のスキルとなりうる。

　最初に提示した主題「Webライティングはネット世界で最強の武器になる」に対して、理由、証拠と畳み込み、それらを根拠に論理立てを行い結論を出しています。

　「ちょっと信憑性が弱いな」と感じるテーマでは、がっちり三段論法でライティングして、説得力を持たせるのも有効です。

ここでは、初心者でも利用しやすい比較的オーソドックスなフレームワークを紹介しました。慣れてきたら自分なりのやり方を確立しましょう。

# 第8章

# Webライターとして
# 稼ぐ方法

Webライティングスキルを身につけて、実際に稼ぐ方法は
大きく2つあります。1つ目はブログを書いたりSNSを使
って自分で稼ぐこと。2つ目は「文章を書いてほしい！」と
いうクライアントから仕事を受注して稼ぐ方法（クライア
ントワーク）。ブログを先に始めてライターになる人もい
ますし、ライターからブログを始める人もいます。
難易度的にはクライアントワークでライターとして活動す
るほうがハードルは低いので、本書ではクライアントワー
クについて解説していきます。

## 01 | Webライターとは

Webライターは、その名の通りWebに特化したライターのことです。Webライティングスキルは、ネット副業の中でも圧倒的に即金性があるうえ、ライター以外でも使える汎用性が高い技能です。副業を始めるならWebライターから始めるのがベストです！

## ⬢ クライアントワークで稼ぐWebライターの仕事

Webライターの仕事内容は、第一段階で大きく分けて次の2つがあります。「自分で稼ぐ」か「**クライアントワークする**」かです。

「自分で稼ぐ」場合は、文章技術を活かしてブログで稼いだり、台本を作ってYouTubeで稼ぐこともできます。

ただし、Webライターとして自分で稼ぐのには時間がかかります。収益にも確実性がありません。そこで、最初はクライアントワークから始めるといいでしょう。

- クライアントワークとは、依頼主から発注された内容に沿って仕事をし、制作物を納品するワークスタイルのことです。
- ブログやYouTubeは成功すれば莫大な金額を稼ぐことができますが、割と不確実な世界。
- しかし、クライアントワークは発注者と受注者という関係を組むことから「やれば確実にお金になる即金性」があります。

❶ 案件を獲得する
❷ 執筆
❸ 納品

　クライアントワークの仕事手順としては上のような感じです。仕事内容としては、次のような流れになります。

## 発注形式

　ほとんど場合、発注者であるクライアントから記事のテーマであるキーワードや、見出し構成などが固まった状態で**執筆依頼**されます。

　クライアントのメディア運営スタイルによりますが、多くの案件でSEOライティングが求められるでしょう。「とある検索キーワードで上位を狙いたいからそれ向けに記事を書いてね」という具合です。

　そのため、キーワードと構成案はクライアント側が決めて依頼してくるでしょう。

## 納期

　クライアント側から「いついつまでに納品してください」と期日を指定されます。指定の期日までに執筆納品が完了できるように作業を進めます。

## 修正

　一発OKになることもありますが、修正の依頼が入ることもよくあります。とはいえ、修正作業は骨が折れるものです。たくさん修正したからといって、報酬が変わるわけでもありません。

　修正の規模や頻度はクライアントによりけりなので一概にはいえませんが、**事前のすり合わせを綿密に**しておくことで、最小限にとどめることができるでしょう。

**納品**

　多くの場合は Google ドキュメントや Word ファイルで納品します。まれに WordPress に入稿することまで依頼されることもあるので、そのような場合は入稿時点で納品になります。

　一連の流れで OK が出れば、規定の報酬単価がもらえます。

## ⚗ Webライターに必要なもの

　「Web ライターに必要なもの」というのは、ぶっちゃけほとんど何もありません。

　しいて言うなら**パソコンと文章力は必須**かと思います。

　「文章を書くだけならスマホでもできるんじゃない？」

　ときどきこのように考える人もいますが、お勧めしません。スマホでできないわけではありませんが、超非効率だからです。

　スマホの小さい画面の中で文章を書くのは、思った以上にやりにくいものですよ。友達に LINE を送るのとは訳が違います。

　**ビジネスで文章を書く**のであれば、さまざまな調査をしながら文章を**論理的に組み立てる**必要があります。

　複数のタスクを同時に走らせながら作業する必要があるので、パソコンのほうが圧倒的に効率的です。

　納品する際のファイル添付もパソコンのほうがいいですし、スマホだと使えないツールもあります。

　文章を書く仕事なので**文章力は当然必要**です。ただ、文章力は仕事をこなしていくうちに上達するので「自分は文章がうまくないから……」と最初から諦めることはありません。

　なお、文章力を向上させたいのなら、次の動画をご覧になることをお勧めします。この動画を 1 本しっかり見てもらえれば、ある程度文章の「いろは」は身につくはずです。

 文章が100倍うまくなる【厳選】Webライティングテクニック32選

https://www.youtube.com/watch?v=fj0PVt1moyc

## いくら稼げるのか？

　Webライターの仕事は、時給ではなく**成果報酬型**のビジネスです。その仕事をしていた時間分だけ時給で支払われるものではなく、案件1つにつき報酬いくらというのをあらかじめ決めておいて、納品後に報酬が支払われるという形です。

Webライターが稼げる金額が決まる要素

稼げる金額 — 文字数 — 受注形式 / 実績 / 専門性
稼げる金額 — 文字単価 — ジャンル / 網羅性 / 継続性

第8章　Webライターとして稼ぐ方法

Webライティングの報酬を決める大きな指標は主に2つ、**文字数×文字単価**です。

Webライティングの報酬

## タスク案件かプロジェクト案件か

文字単価は受注形式が「**タスク**」案件か「**プロジェクト**」案件によっても変わります。他にも実績の有無・専門分野の有無なども文字単価に関係してきます。

文字数は、記事のジャンルやテーマの広さにも左右されます。これはクライアント側が発注の際に決めることなのでライター側ではどうすることもできませんが、テーマの広い記事を狙って案件を獲得するのもありですね。

「文字数稼ぎ」というと聞こえが悪いですが、記事テーマに対して抜け漏れなく網羅的に記事を書くことで、ボリュームのある文章にすることはできます。

あと、1記事で文字数を稼ぐのではなく、クライアントと良好な関係を築くことで継続的に案件を受注できれば、総合的に多くの文字を書くことになりますよね。

受注形式

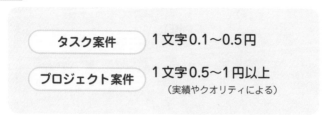

## タスク案件

- 応募する必要がなく、応募人数に空きがあればすぐに仕事をスタートすることができる
- 単発の仕事がほとんど
- 仕事の内容も簡単で、短時間で済む
- 報酬が低い

## プロジェクト案件

- 希望の案件に応募して、契約することで仕事をすることができる
- 納品した記事に修正を依頼されることもある
- タスク案件に比べると、スキルを要する
- 報酬額が高いものもある
- 数十件のまとまった依頼や、継続的な依頼を受けることもある

タスク案件は**報酬が低いですが誰でも仕事を受けられる**メリットがあります。高いスキルも求められないので、Webライター初心者のうちはタスク案件に挑戦していきましょう。

しかし、ずっとタスク案件ばかりをやっていくのはお勧めできません。単価がとにかく低いので、コスパがすこぶる悪いからです。

実績がゼロのうちはいくつか簡単なタスク案件をこなして仕事に慣れていき、なるべく早く文字単価1円以上のプロジェクト案件に応募していきましょう！

即金性と確実性があるので、仕事をこなしただけ必ず報酬になります。最初のうちは文字を書くことにも慣れていないため、1日に3,000文字書くのもきついかもしれません。それでも、仮に0.5円のタスク案件を毎日3,000文字書いたら、1ヵ月で4万5,000円の収入になります。

1円で5,000文字なら15万円。2円で5,000文字なら30万円です。

毎日取り組める案件があるとは限りませんが、単価と作業量次第で確実に稼げることは確かです。

- 1文字0.5円のタスク案件を毎日3,000文字書いたら……
  - ➡1ヵ月で4万5,000円
- 1文字1円のプロジェクト案件を毎日5,000文字書いたら……
  - ➡1ヵ月で15万円
- 1文字2円のプロジェクト案件を毎日5,000文字書いたら……
  - ➡1ヵ月で30万円

## ライターの希少価値を上げる

また、Web ライティングの技術に次のスキルが掛け合わさることによって、希少価値が高くなり**高い単価で仕事を受ける**ことができます。

ライターの希少価値

- 専門分野がある
- SEO ライティングができる
- コピーライティングができる
- セールスライティングができる
- 行動心理学を理解している
- WordPress 入稿ができる
- イラストや図解作成ができる

筆者も発注者側なので、このようなスキルを持っている方に依頼する際は普通より高い単価で依頼しています。

「自分の単価は自分で決められる」のが、Web ライターのいいところ。クライアント案件はクライアントありきの仕事なので、高い単価でも発注したくなるようなライターを目指しましょう！

## 02 | Webライターとして稼ぐ手順

前節で説明したように、Webライターとしてスタートするには、クライアントワークが適しています。クライアントワークを請け負うのに最適なのがクラウドソーシングを利用することです。

Webライターとして稼ぐための一般的な手順は次のとおりです。

> ❶ クラウドソーシングサイトに登録
> ❷ プロフィールを整える
> ❸ 案件を探す
> ❹ 案件に応募する
> ❺ 提案文を作成する

1つ1つ詳しく見ていきましょう。

## ❶クラウドソーシングサイトに登録

未経験の初心者がWebライターの仕事をするには、**クラウドソーシングに登録する**必要があります。クラウドソーシングサービスは「仕事をしてほしい人」と「仕事をしたい人」をマッチングするサイトです。Webライター以外にも、さまざまな仕事のマッチングができます。雇用されるわけではなく、業務委託契約や譲渡契約として仕事が交わされるので、フリーランスとして活躍できる場となっています。

代表的なクラウドソーシングサイトは「**ランサーズ**」と「**クラウドワークス**」です。

https://www.lancers.jp/

　ランサーズは、日本最大級のクラウドソーシングサービスです。2008年4月に東証マザーズにも上場しています。記事執筆時点で登録者数は110万人を超えている業界トップのサービスです。

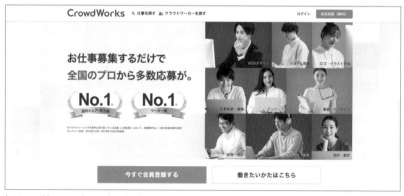

https://crowdworks.jp/

　クラウドワークスも規模の大きなクラウドソーシングサイトです。
　取り扱っている案件数やスキルの種類が豊富で、多くの人が利用しています。こちらも2011年11月に東証マザーズに上場しています。
　実は、クラウドソーシングサービスは他にもたくさんあります。しかし、この2つは登録者数も取扱案件数も他のものと比較にならないぐら

い大規模なサービスなので、とりあえずこの２つに登録しておけば間違いありません。片方にあって、片方にない案件なども結構あるので、こまめにチェックするといいですね！

## ② プロフィールを整える

クラウドソーシングサイトに登録したら、自身のプロフィールを整えていきます。

### プロフィールで埋めるべき重要事項

プロフィールはいわば「履歴書」のようなものです。クライアントはプロフィールを見て、その人に仕事を依頼するかを決めています。

ランサーズでもクラウドワークスでも、プロフィールは共通する入力項目があります。

**基本情報**

- アイコン
- 法人・個人
- 稼働可能時間／週
- 自己PR
- 学歴
- 名前
- ステータス
- 時間単価
- Twitterアカウント

人となりを理解するために必要な一般的な項目です。それぞれ公開・非公開が選べるので、開示できる内容はできるだけ開示しましょう。

・職種

クラウドソーシングサイトは企業も利用します。業種や職種を登録する項目もあります。

・スキル・資格

所有資格やどのようなスキルがあるかを示す項目があります。

・ポートフォリオ・実績

　今までどのような活動をしてきてどんな作品を作る人物なのか、そして結果としてどのような実績を残してきたのかを求める項目です。

## クライアント目線

　サービスによって項目の名称が違ったりしますが、プロフィールを作る際にはこれらの項目を埋めていきます。

　ここで、プロフィールのどのようなポイントを見て仕事の依頼を決めているのかを、クライアント目線でアドバイスします。

　あくまでこれは筆者の個人的な意見ですが、概ねほとんどのクライアントが同じだと思います。

❶ 実績
❷ 過去の作品
❸ 単価
❹ 人柄

　筆者は基本的にこれ以外は見ていません。

　まず「実績」のある人物なのか。これは実力を測るうえでも揺るぎないですよね。

　次に、どんな作品を作る人物なのかを知るため、過去の作品は見たいです。どんなに実績があっても、自分の依頼するテイストと違っていれば難しいからですね。

　そして単価。いくらで頼める人なのかは当然チェックする項目です。どんなに良い文章を書いてくれるライターでも「1文字500円！」だったら依頼しないわけで……。まあ1文字500円なんていないですけどね（笑）。「良い文章をなるべく安く」というのが、発注者側の当然の気持ちではあります。

　そして、筆者が絶対最後に外せない条件と考えているのが「人柄」です。やり取りの段階で横柄だったり納期を守らないライターに当たった

りしたら嫌なので、筆者は必ず Twitter アカウントをチェックします。

　クラウドソーシングサイトのプロフィールには立派なことを書いていても、Twitterではグチばかりツイートしていたり、よくわからない懸賞に応募していたり……。そういう人には絶対依頼しません。

　Twitter は現在の名刺のようなものですね。

## 認証で信頼を高める

　クラウドソーシングサービスには、信頼を高めるために認証項目があります。ここではランサーズを例にとって解説します。

**ランサーズの4つの認証項目**

1. 本人確認
2. 機密保持確認
3. 電話確認
4. ランサーズチェック

### ❶本人確認

　「**本人確認**」は発注者と受注者間でのトラブル防止のために行われています。実在する人物であることを確認しておくことで、発注者側も安心して案件を依頼することができますよね。

　また報酬の出金時もステータスが「本人確認済み」であることが必要なため、この項目は必須です。

### ❷機密保持確認

　「**機密保持確認**」は信頼性の向上のために行います。

　クラウドソーシングサイトでは企業との仕事もあり、業務に関することは口外禁止ということです。機密保持確認をしていれば「同意している」ことになり、信頼性が高まります。

　クラウドワークスにも「**秘密保持契約（NDA）**」という認証項目があります。

### ❸電話確認

「**電話確認**」はランサーズの自動応答システムを使って、ユーザー登録している電話番号へ確認を取るサービスです。

電話確認が取れればプロフィール欄に「電話確認済みマーク」が表示されて信頼性が高まります。

### ❹ランサーズチェック

「ランサーズチェック」とは、**ランサーズで仕事をする際の基礎知識の理解度を計るチェックテスト**です。これらの認証が済んでいないと受けられない仕事があるので、早めに済ませておくのが良いでしょう。

クラウドワークスにも同様の「**プロクラウドワーカー**」という認証項目があります。

どれも信頼性を高めるために必要なステータスなので、できるだけクリアしておくのをお勧めします。

認証項目をクリアすると、次の写真の右下のようにチェックマークが表示されます。

点線枠は、応募条件として「本人確認」と「秘密保持確認」が済んでいることが挙げられています。チェックマークは、4項目の認証が済んでいる印です。

法人アカウントでは、本人確認と機密保持確認が済んでいるランサーとしか受発注できない仕組みになっています。

さらに、顔写真を載ることも信頼アップにつながります。

# ✒ ❸案件を探す

　最初は自分で案件を探して応募します。ここではランサーズを例に、プロジェクト案件の探し方と応募の方法について解説します。

## 「仕事を探す」画面で絞り込む

　ランサーズの画面上部の「仕事を探す」をクリックします。

**「仕事を探す」をクリック**

　仕事（案件）を閲覧できる画面が表示されます。自分に合った仕事を探すために、検索条件で絞っていきましょう。条件を絞る方法は3つあります。

> ● キーワードを入力して検索
> ● 「よく検索される条件」で検索
> ● カテゴリなどを選択して検索

## キーワードを入力して検索

　受注したい仕事をキーワード検索することです。案件の絞り込みができます。

❶ 検索窓に受注したい仕事のキーワードを入力します
❷ 検索の 🔍 マークをクリックします

　自分が受注したい仕事の目的に合わせて、次のように検索してみましょう。

　目的の案件が絞り込めるはずです。検索結果が多い場合は、さらにキーワードを増やして絞り込みをしていきましょう。

## 「よく検索される条件」で検索

　「文字単価　1円以上」や「記事数　10本以上」など、検索が多い条件がピックアップされています。クリックするだけで、条件の絞り込みをすることができるので手軽に利用することができます。
　自分に合った条件であれば試してみましょう。

## カテゴリなどを選択して検索

　画面左側の「カテゴリから探す」から目的のライティング案件を見つけることもできます。

### ①「ライティング・ネーミング」をクリック

　仕事検索画面の左カラムにある「カテゴリから探す」から「ライティング・ネーミング」をクリックします。

### ②「ライティング」をクリック

　詳細表示に「ライティング」項目が表示されるので、それをクリックするとWebライティング案件が絞り込まれて表示されます。

**ライティング案件のみが絞り込み表示される**

## ③さらに分類された案件の種類を選択する

　最初は「記事作成・ブログ記事・体験談」などがお勧めです。慣れてきたら「Webサイト」「メルマガ作成」なども挑戦していきましょう。

**さらに案件を絞り込める**

## ❹案件に応募する

　受注したい案件が見つかったら、早速応募しましょう！

　ランサーズ、クラウドワークスいずれも、各案件の詳細画面に「応募する」「提案する」といったボタンがあります。

**案件に応募する**

　ボタンをクリックすると案件に応募できます。最初に提案文を書きます。

## ✒ ❺提案文を作成する

　提案文は、応募画面内にある重要項目です。クライアントは、この提案文を見てその人に依頼するか否かを決めます。

**提案文でクライアントが判断していること**

- 誰なのか
- 何ができるのか
- どのくらいできるのか
- この人を採用してどのようなメリットがあるのか
- 真面目に取り組んでくれるのか

　クライアントとしては、顔の見えない相手に仕事を依頼するわけですから、なるべく不安を解消して間違いのない人に発注したいわけです。
　提案文を読むであろうクライアントの信頼を獲得し、安心して仕事を任せてもらえるようにしましょう。

第8章　Webライターとして稼ぐ方法

## 提案文に入れるべき要素

最初はどのような提案文を書いていいかわかりませんよね。提案文で入れるべき要素はある程度決まっています。

1. はじめの挨拶
2. 自己紹介
3. 業種
4. 志望の動機・採用するメリット
5. 実績
6. 応募詳細内の回答
7. 稼働時間・作業量
8. 締めの挨拶

特に後半の 4・5・6・7 番は重要です。

クライアントが主に求めるのは「品質の高い作品を、いかに早く納品してくれるか」です。

そのため、過去の実績やリソース（作業時間や仕事量など）がどれぐらいあるのかは気になるところです。

ツボを押さえた内容にするのはいいのですが、無難すぎるとありきたりな提案文になってしまうことがあります。

何か違った見せ方ができないかを自身で工夫することも大切ですし、提案文を見るクライアントに対する配慮の言葉なども入れると好感を持たれます。

なお、オリジナルの提案文を作るのが難しい人は、ランサーズにもクラウドワークスにも応募画面内にテンプレートがあります。

**提案文** 必須 ⓘ よく使う提案文を登録・編集できます ☑

冒頭に、はじめましてなどの挨拶をしましょう。

■経歴
具体的な経歴、職歴などをできる限り詳しく入力しましょう。

■実績・得意
過去の実績を、できる限り詳しく、数多く入力しましょう。

■自己PRポイント
その他クライアントに伝えたいことを入力しましょう

あと *2881* 文字入力できます

　このように、デフォルトで用意してある文章を編集して使うこともできますよ。

はじめまして、ライターの田中と申します。
○○様の募集内容を拝見し、応募させていただきました。

私はSEOライティングを専門にしておりますので、今回の募集内容のお役に立てるかと思います。
また、サイトのターゲットである40代に自分が当てはまることや、25年間アパレルの経験があることからリアルなコンテンツ作成をすることができます。

【応募詳細の回答】
・
・
・

【稼働時間・作業量】
・1日4〜5時間
・1週間に5日活動
・1時間3,000文字執筆可能

頂いた連絡の返信は、できるだけ早い対応を心がけております。
お忙しい中こちらに目を通していただきありがとうございました。
ぜひ、ご検討のほどよろしくお願い致します。

## 提案文での注意点

「提案文次第で合否が決まる」と言いましたが、ここでやってはいけない注意点についても触れておきます。これをやってしまうと高い確率で不合格になってしまいます。

次の点に注意しましょう。

❶ 初心者アピールをする
❷ 日本語レベルが低い
❸ 常識がない
❹ 情報量が適切でない

### ❶ 初心者アピールをする

応募段階で「自分が初心者である」ことをアピールするのはやめましょう。

逆の立場で考えればわかることですが、自分の大事なメディアに公開するコンテンツを初心者に書いてほしいわけがありません。

ときどき、提案文で「この案件を機に勉強させてください！」みたいなことを書く人がいますが、クライアントはライターの勉強のために仕事を発注しているわけではないのです。

タスク案件でも何でも、ある程度ライティング実績をこなして経験を提示したうえでプロジェクト案件に応募するといいですね。

### ❷ 日本語レベルが低い

次によくあるのが、そもそも提案文の時点で文章レベルが低いことです。日本語として何を書いているのかわからないレベルの人がいます。どんなに立派な内容だとしても、伝える技術がその程度では、仕事内容もその程度だと判断されてしまいます。

提案文を書く時点でライティング力は見られています。Webライターとして恥ずかしくない提案文を書きましょう。

### ❸ 常識がない

　文章力があっても、一般常識が欠落している人には仕事は来ません。記号を連発したフランクな文章や、絵文字を使った馴れ馴れしい提案文を送る人が稀にいます。

　他にも挨拶が抜けていたり、敬語を使わなかったり……。

　考えてみてください。

　履歴書をそのように書くでしょうか。提案文はいわば履歴書と同じです。一般的な常識がないと判断されれば「仕事も同じようにルーズなのでは」と思われます。

　納期を破ったり、突然連絡が取れなくなったりしそうな人物ではないかと疑われるわけです。

　一般常識がなんであるかを説くのは趣旨がズレるので割愛しますが、提案文では社会人としてモラルとマナーのある文章を書きましょう。

### ❹ 情報量が適切でない

　情報量が多すぎたり少なすぎたりするのも良くありません。

　例えば、その案件への提案が「頑張って書きます！ よろしくお願いします」のように1行で終わりだったらどうでしょうか。

　逆に、とてつもなく長い文章だとどうでしょう。最後まで読むまでに10分もかかるような提案文です。

　このどちらも「1テーマに対するベストな答えを、わかりやすくまとめる文章力がない」と判断されます。

　見るほうも時間を使って読むわけですから、項目に分けて適切な分量でわかりやすく文章をまとめましょう。

# 03 | Webライターの タイムスケジュール

Webライターとしてどうやって稼ぐかがわかったところで、疑問になるのが時間配分です。フリーランスで活動するのと副業や家事のかたわら活動するのとでも違いがあります。筆者自身はビジネスのスタートがWebライターだったものの、現在は発注者側の立場です。ここでは、筆者の運営するオンラインスクール「副業の学校」で、現役でWebライターをしているメンバー2名を例に、リアルなタイムスケジュールを紹介していきます！

## フリーランスWebライター Sさんのタイムスケジュール

フリーランスで活動しているWebライターのSさんは、以前は飲食業に長年従事していました。そこから53歳でWebライターを目指し、現在55歳でフリーランスとして活動しています。

> Sさんの Web ライターとしての収益
>
> ・半年後：月収30万円
> ・1年後：月収50万円
> ・現　在：月収70万円

月によって変動はあるもののWebライター収入だけで生活をしています。

さて、そんなSさんの1日の活動を見ていきましょう。

## 1日の流れ

| | |
|---|---|
| 8：00 | 起床 |
| 8：20 | 依頼記事のライティング |
| 12：30 | 休憩or昼寝 |
| 13：00 | 依頼記事のライティング |
| 15：00 | その他の作業 |
| 17：00 | 入浴兼勉強 |
| 19：00 | 自由時間 |
| 22：00 | 自由時間or作業 |
| 24：00 | 就寝 |

## Sさんの1日のスケジュール

### 8：00　起床

Webライターになって感じたのは、在宅ワークで稼ぐには朝型のほうが圧倒的に生産性が高いということだそうです。そのため朝8時にスマホのアラームがなったら、どんなに眠くてもベッドから抜け出します。
顔を洗って眠気覚ましもかねて、近所のコンビニへ缶コーヒーを買いに行くのが日課です。

### 8：20　依頼記事のライティング

コンビニから戻ったら、そのままパソコンの前に座り1日の作業スタートです。
その日やらなければならない仕事は、毎晩寝る前にパソコンの画面上に開いてあるので、そのまま作業に移ります。執筆を始める前のわずらわしい作業をどれだけ減らせるかも、毎日の作業効率をあげるちょっとしたコツです。
午前中の4時間ほどで、平均3,000〜5,000文字の記事を1本書きます。

### 12：30　休憩or昼寝

日によってまちまちですが、だいたい昼頃に休憩を取ります。昼休憩時、寝不足気味なら2〜30分の昼寝をすることもあります。
寝不足で朝寝坊するより、朝は同じ時間に起床して昼寝をするほうが作業がはかどります。

### 13：00　依頼記事のライティング／続き

午後の作業は、午前中に記事が完成していなければ続きを書きます。SさんがWebライターとして受けている仕事は毎月30本ほど。休みの日は特にないので、1日に1本記事を書けばOKです。そのため、1日の作業時間5〜6時間で記事を1本完成させれば「Webライターとして生活していく」ということはクリアできます。

### 15：00　その他の作業

Sさんには目下、次の2種類の作業があります。

> ・やらなければならない作業＝クライアントワーク（主にWebライター業）
> ・やりたい作業＝自分の将来へむけたビジネス構築

Sさんの性格上、「やりたい作業」に先に手をつけるとそれをいつまでもやり続けてしまい、「やらなければならない作業」が後回しになってしまうことが少なくありません。そのため「やらなければならない作業」（生活を支えるWebライターの仕事）を先に片付けるようにしています。

その後は、自身の将来のビジネス設計であったり、YouTubeの台本作成であったりという、「将来への自己投資」に時間を割くことが多いです。日によってはクライアントと連絡を取り合ったり、スケジュールの調整などの事務作業に時間を割いたりする日もあります。夕方の時間は、そうしたWebライターとしての執筆作業以外にあてることがほとんどです。

### 17：00　入浴兼勉強

その日やるべき仕事、やっておきたい仕事が一通り終わったら、「インプットの時間」です。本を読んだり、YouTubeやVoicyなどで情報を仕入れたりしています。

インプットをしていると、その端からあれこれとアイデアがわいてくるときがあります。勢いのままiPadでYouTubeの台本草案を作り上げてしまうときもあり、Sさんにとって非常に大切な時間です。

### 19：00　自由時間

夜は基本的に自由な時間にあてています。もちろん、日によっては思いついたアイデアを形にするために再びパソコンに向かって作業することもあります。けれども、だいたいは本当の自由時間ですね。

週に2～3回ほどは、近所にあるいきつけの飲み屋さんのカウンターで、お店の人や常連さんとお酒を飲みながらくだらない話で盛り上がることもあります。

普段は在宅ワークで一歩も家を出ずとも成り立つ生活をしているので、外でリアルに人と話すという時間は、Sさんにとっては外せないものです。人と会話するということは、トークスキルの練習にもなります。Webライターとして記事を書く際の語彙力や論理的思考を手に入れることにもつながるのでお勧めです。

### 22：00　自由時間or作業

寝るまでの時間も基本的には自由時間です。お酒を飲んでいない日は作業にあてるときもありますが、この時間帯になると脳が疲れているので、仮に作業をする場合でもあまり論理的思考力を使わなくていい作業をします。

### 24：00　就寝

なるべく深夜0時過ぎには就寝するようにしています。作業をしている日などは気持ちが盛り上がってしまい、やめられなくなるときも少なくありません。しかし、そこで夜中まで作業を続けてしまうと、朝型から夜型の生活にスライドしてしまうので、就寝時間は厳守です。寝る前に翌日のスケジュールを確認して、朝から作業する予定のGoogleドキュメントをパソコンのデスクトップに表示しておきます。

最初にも説明しましたが、朝すぐに作業に取りかかれる状態にしておくのは重要です。

# 主婦WebライターRさんのタイムスケジュール

　Rさんは、主婦のかたわらWebライターとして活動している2児のママです。

　会社に出勤せず家でできる仕事がしたくて、Webライターに興味を持ったとのこと。

　2021年4月から副業Webライターを開始。

**Rさんの Web ライターとしての収益**

- 初報酬：　　　2,689円
- 1年後：　8万9,754円
- 現　在：11万9,948円

　少しずつ外で働く時間を減らして、副業の時間を作ってきたそうです。

　現在は、子育てをしつつWebライターとして在宅で仕事をしながら生計を立てています。

　筆者も子供がいる主婦なのでわかりますが、主婦がパートで稼げる金額は知れています。自宅にいながらWebライターで、月10万円以上も稼げるというのは本当にすごいことです。

　Rさんはどのように1日を過ごしているのでしょうか。

専業でライティングするSさんと、主婦業との兼業でライティングするRさんの違いを見ていきましょう。

|  | | | |
|---|---|---|---|
| 5：00 | 起床・朝食作り | | メールの確認 |
| 6：00 | | 朝食 | |
| 7：00 | 保育園の準備 | | |
| 8：00 | 保育園へ送り・家事 | | |
| 9：00 | | クライアントワーク | 執筆 |
| 10：00 | | | |
| 11：00 | | | 構成作成 |
| 12：00 | 家で昼食 | | |
| 13：00 | | 記事のリサーチ | SNSを見る |
| 14：00 | 副業の学校 勉強会 | | |
| 15：00 | | | |
| 16：00 | 夕食の準備 | | 保育園のお迎え |
| 17：00 | | 案件のリサーチ | |
| 18：00 | 夕食 | | |
| 19：00 | | | |
| 20：00 | 耳学 | 子供を寝かす | |
| 21：00 | | | |
| 22：00 | 構成作成 | | |
| 23：00 | | 執筆 | |
| 24：00 | 就寝 | | |

## Rさんの１日のスケジュール

**5：30　起床、朝食作り、メールの確認**

朝は、１日にやることの整理をします。
Webライターの仕事で一番時間がかかるのは執筆です。主婦ライターは家事や育児があるので、パソコンに向かう時間を確保することが大切です。Rさんは6,000文字の執筆で5〜7時間程度かかります。

夜型になると育児が大変になるので、子供が起きるまでに1つでも進捗を上げることが目標です。進捗に遅れがあるものはクライアントさんに前もって連絡を入れるため、日頃から状況を確認するようにしています。

### 7：00　子供が起きる

子供たちが起きたら、一緒に朝食を食べます。
副業の学校（https://fukugyou-gakkou.org/）では、5時〜7時までの間、Zoomで「もくもく作業会」（オンラインで繋がりながら基本的には各自作業を行う。学生の頃にやった、友人同士の試験前の勉強会のオンライン版のようなもの）があるので、参加できるときは利用するようにしています。副業を始めたときは、パソコンに向かう習慣がなかったので、朝の作業会に積極的に参加して取り組んでいました。

### 8：30　保育園に送る　家事

子どもたちを保育園に送ります。
クライアントワークをしていると、この時間にもChatworkで連絡が入っていることがあります。ライターさんやクライアントさんには、即レスで対応しています。
移動中や家事をしているときは、日々耳学（音声学習）です。インプットしたことをメモする、誰かに話すなどしてアウトプットを意識しています。

### 10：00　執筆や構成作成など、クライアントワーク

仕事開始です。まとまった時間が取れるのは、10時〜16時の間。在宅ワークなので、急ぎの仕事を先に行い、家事を後回しにするときもあります。月末に慌てないように、構成をまとめて数本作ったり、執筆ジャンルの勉強にあてたりすることもあります。
買い物や銀行などそのほかの用事があれば、お昼前後に行くのが日課です。

### 16：30　夕食の準備、保育園のお迎え

子どもたちが帰ってくる時間です。保育園のお迎えに合わせて、子どもたちの病院へ行くこともあります。子どもたちと話しながらも、仕事のことを考えていることが多いですね。記事や構成は、少し時間を置いて確認したほうが俯瞰的に見えるので、夕食や育児を挟んで見返すことにしています。

### 21：30　耳学、ディレクション業務、仕事の確認

ライターさんから連絡が来たときは、構成の確認や執筆のチェックをしています。
ほかにもRさんはTVを見ないのでイヤホンを付けて筆者のVoicyやコンテンツ学習をしてます。夫婦ともにお酒も飲まないので、それぞれ好きなことをして自由に過ごしていますよ。

### 24：00　就寝

寝る時間は決まってないです。Rさんはまだ駆け出しのライターなので、納期前は徹夜をすることもあります。クライアントさんとのやり取りができるように、夜も連絡が取れるようにしています。

# 04 | Webライターで稼ぐコツ

Webライターとして効率よく稼いだり、レベルアップするためにはどうしたらよいのでしょうか。1文字1円以下の案件をただ闇雲にこなすだけでは、労働集約型で先が見えません。クライアントワークを円滑に進めつつ、報酬単価を上げて時間効率を最大化する……それが必要ですよね。そんなWebライターで稼ぐコツについて、ここでは13個のポイントを紹介します。

## ❶単価交渉する

Webライターが手っ取り早く稼ぎを増やすには、**単価を上げる**ことが一番です。単価が2倍になれば、同じ作業量、同じ作業時間でも、単純に収入が2倍になります。

そのため、クライアントに対して単価交渉をするというのも、Webライターで稼ぐためには重要です。

とはいえ、単価交渉時には覚えておいてほしい注意点もあります。

### 単価交渉の注意点

- 仕事を始めてすぐに単価交渉しない

  1〜2本記事を納品しただけで、すぐに単価交渉するのはご法度です。ビジネスとはいえ、人と人との付き合いである以上、まずは「信頼」をつくりあげましょう。

- クライアントの思惑を超える成果を出す

  単価交渉がうまくいくのは、あくまで「正当な成果を出した」結果です。求められる以上の記事を納品することを目指しましょう。

● 文字単価1円未満の案件は微妙

　あまりに安い案件は、そもそも予算を持っていない可能性が高いため、単価交渉をするよりも、別の単価が高い案件を取っていくほうがはるかに効率的です。


　こうした点を踏まえて、クライアントが満足する成果を出したのちに単価交渉を行えば、収入アップにつながります。


## ❷執筆スピードを上げる

　もう1つの収入アップ方法は「**執筆スピードを上げる**」ことです。

　これも、単純に書くスピードが倍になれば収入が倍になるわけですから、限られた作業時間でもクライアントに頼らず収入をアップすることができますよね。

　執筆スピードを上げるには、まずはリサーチをいかに効率よく行えるかを考えることが第一です。

　それに加えて、ライティングの型を覚えたり、なるべく同じジャンルの案件を手がけることでそのジャンルに詳しくなる（調べる必要がなくなる）なども、執筆スピードを上げるためにWebライターがやるべきことです。

　ダラダラと仕事をせず、時間を決めて集中しつつ仕事をするというのも、執筆スピードを上げる方法の1つですね。


## ❸専門性を向上させる

　同じジャンルの案件を手がけることのメリットは、執筆スピードが上がることだけではありません。

　同じジャンルの案件を受け続けていけば、そのジャンルに詳しくなっていきます。つまり、**特定のジャンルについての専門性が向上**するということですね。

　第三者に対して講義ができるレベルでそのジャンルについて専門性が

持てれば、他サイトを調べながら書く必要もなくなります。上位サイトと似たような内容となることも少なくなるでしょう。

当然、それだけSEO的にも有利となりますので、クライアントからの評価も高まります。

「金融系ライター」や「不動産ライター」のように、**特定ジャンルに特化したライターであることを名乗れる**ようになるのは、名指しで依頼を受ける際のブランディング上も有利となります。

## ❹ SNSで情報発信する

SNSで情報発信することで、直接仕事の依頼が来ることもあります。

クラウドソーシングサイトを通して案件を受注すれば、発注者・受注者ともに手数料が取られます。

直接依頼であれば手数料を取られない分、稼げる金額も大きくなります。

WebライターはTwitterと相性がいいと思いますが、InstagramやFacebook、あるいはYouTubeや音声メディアなど何でも構いません。Webライターで稼いでいくためには、自身がWebライターであることをSNSで発信していったほうがよいです。

なお、SNSは自身の人間性が直接露出するため、情報発信の際は注意が必要です。クライアントが読むことを考えると、ネガティブな発言や案件に対するグチなどは控えておいたほうが得策ですね。

## ❺ ブログ運営してみる

「Webライターにブログは必須」というのはよく聞く話です。

Webライターの案件には「WordPressへの投稿作業を含む」というものも少なくありません。そのため、自身のブログでWordPressの扱いに慣れておくことはなにかと有利です。

それだけでなく、自分でブログを運営して「書くことに慣れる」、そしてメディア運営者が何を考え読者と向き合っているのかを実体験する

ことは、Web ライターとしても大きな経験値となります。

　何より、始めたばかりでクライアントに提示できる実績がまだ何もない初心者にとっては、自分のブログそのものが実績になります。ひとまず「ブログでお金を稼ぐ」ということは脇に置いておき、自身のポートフォリオとしてブログを運営してみることは、Web ライターで稼いでいくためには絶対にやっておいたほうがよい準備です。

## ⑥求められるクオリティの一歩先を目指す

　Web ライターというのはみな個人事業主のようなものです。

　「お金をもらったから仕事をする」というよりも、「仕事を取りにいく」「より高条件を獲得する」といった、積極的な姿勢が求められます。そのため、クライアントが期待した以上の成果（記事）を納品する姿勢も大切。「言われたことをやるライター」ではなく、より積極的に付加価値を提供できるライターを目指していくことが、何より重要です。

　例えば、写真を載せるだけでは少しわかりにくいと思われる箇所に、自作の解説画像を作って納品する、など。このように先に価値を提供する姿勢を見せることで、次のようなポイントをクライアントに見てもらうことができます。

- スキルの提示
- やる気の表明
- 誠実な姿勢

　「お金をもらってから動く」ではなく「お金をもらう前に価値を提供する」これにより、結果的にクライアントから評価され、こちらから求めなくても単価を上げてくれることになるでしょう。

## ⑦先行投資をする

　稼ぎ続けている Web ライターは先行投資にしっかりとお金をかけて

います。例えばライティングスクールやオンラインサロンにお金を払い、学ぼうとする姿勢など。これは学びに対する自己投資です。

　Webライティングに役立つツールや情報サイトも、無料で使うだけでなく、有料プランにして積極的に利用していくことも有効です。

　無料で集められる情報には限りがあり、網羅的な情報を集めるには時間もかかってしまいます。

　**「お金を出して時間を削減する」**という考え方は、自分への先行投資という意味ではもっとも必要な考え方です。

　また、パソコンのモニターを大きくしたり、テーブルやイスなどを使い勝手の良いものに替えたりして**執筆環境を整える**ことも、Webライターで効率よく稼ぐためには必要な先行投資です。

　未来を見すえて自分自身や環境に先行投資すること、その覚悟を持つことは、Webライターとしての成功をつかみ取る大きなポイントです。

## ⑧入稿や画像選定など＋αの提案

　Webライターは「執筆以外にできること」があると重宝されます。

　文章を書くことが基本ですが、ほかにも幅広くクライアントから求められます。

　例えばWordPressに入稿でき、画像選定ができるとクライアントも安心して任せてくれます。それにより、クライアントから「文字単価を上げるからお願いできないか」と言われることもあります。

**よくある依頼例**

- 構成作成
- ディスクリプションの作成
- Canvaでのオリジナル画作成
- 記事に関連する図の作成
- 別ジャンルの執筆
- WordPress入稿
- 内部リンクの設置

ライター側から提案して単価を上げてもらうこともあります。できることが複数あると、クラウドワークスで応募できる案件も多くなり、稼ぎやすくなるのでお勧めです。

## ⑨ 記事の質を上げる

記事の質が高いと、ライターとしての評価が上がり稼ぎやすくなります。

基本的な誤字脱字の確認、PREP法が使えているか、こそあど言葉の多用はないかなど、総合的にクライアントは見ています。

例えば、1つのメディアでもライターを複数抱えて、記事の質が高いライターだけ文字単価が違うケースがあるのです。

クライアントはライターのレベルを把握しており、記事の質が高いと喜ばれます。

記事のクオリティを上げるには次のようなことをやってみましょう。

- 写経をする（質の良い文章を書き写す）
- 文章の型を覚える
- 記事に対してフィードバックを出してくれるクライアントの元で執筆する

## ⑩ SEOの知識と実績をつくる

SEOの知識を持っていることはアピールポイントになります。

自社メディアの記事を上位表示してほしい（SEOライティング）クライアントが多いからです。

コラム記事やブログ記事などライティング案件はさまざまですが、SEOライティングが基本と言っても過言ではありません。

応募の段階で「SEOについて心がけていることはあるか」と聞いて選考の対象とする所もあります。

上位表示できるとクライアントにも喜んでもらえるし、提案文でSEO

の実績を見せると案件を取りやすくなります。

　そういった意味でも自分のブログを運営して、SEO 実績を示せると説得力が格段に上がりますよね。

## 🖊 ⑪円滑なコミュニケーションを心がける

　円滑なコミュニケーションを心がけることでクライアントとの信頼関係ができ、継続案件をもらいやすくなります。

　Webライターの仕事は、依頼から納品までテキストメッセージでやり取りが完結しますが、対面であれば伝わることも、文章では難しい場合があります。

　文章だと感情が伝わりにくく冷たい印象になってしまったり、逆にフランクにくだけた文章だと常識のない人だと判断されてしまいます。

　円滑なコミュニケーションの最低ラインとして、次のような要素があればクライアント側も安心してやり取りができます。

- 挨拶がある
- 敬語が使える
- 賢くなりすぎないコミュニケーション
- 相手への気遣い

　また、打ち合わせでChatworkの電話で話をしたり、Zoomでミーティングをすることもありますが、相手を不快にさせない心がけは必要ですね。

## 🖊 ⑫クライアントを知る

　Webライターとして継続的に稼いでいくためには、発注元であるクライアントのことをリサーチするのも大切です。

　クライアントの意向を一から十まで聞くことはできないので、クライアントのメディアやSNSを見て情報発信の意向を汲み取るのです。

- クライアントのSNSを見る
- クライアントの執筆した本を読む
- ホームページを確認する

　クライアントを知ると、相手の意向に沿えるので、執筆のズレを防ぎ、期待に応えることができるのです。
　クライアントの年齢層や業界が変わるだけでも、メッセージの仕方や求められるものが変わってきます。

## ⑬家族の協力を得る

　家族に応援してもらうことは、モチベーション高く作業できる要素の1つでもあります。家族の協力は、主婦ライターの課題でもありますよね。
　Webライターとして仕事をする際、パソコンでの調べものや仕事のやり取りをすることはよくあるので、しだいに生活の一部となってきます。
　パソコンを触るたびに家族に嫌な顔をされるような環境では、集中して良い作品を作ることはできません。
　Webライターはまだ新しい働き方なので、家族の協力を得られるようにするためには、**仕事内容を知ってもらう**ことが大切です。
　家族にオープンに話すことで、理解を得て応援してもらい、気持ちよく仕事ができる環境を整えましょう。

# 05 | クライアントワークの注意点・トラブル

Webライターは即金性と確実性があり、なおかつ自宅でできる魅力的な仕事です。しかし、メリットばかりではありません。クライアントワークなので相手があることですし、トラブルもあります。ここでは、実際の現場でよく聞くトラブルや注意点について押さえておきましょう。

## ✒ 案件が取れない

多くの初心者ライターが**最初にぶつかる壁**は、やはり「案件が取れない」ということです。いざ「Webライターで稼ぐぞ！」と決めたとしても、案件が獲得できず消えていったライターも大勢います。

デビューしたばかりのWebライターには、なんの実績もありませんから、なかなか案件が取りにくいのです。「クライアントに提示できる実績がないから案件が取れない」➡「案件が取れないから実績がつくれない」という負のループに陥りがちです。

しかし、ここでへこたれていては絶対に前には進めません。最初は、少しでも興味を持てる案件には片っ端から応募しまくるぐらいの心意気が必要です。正直、がむしゃらにがんばることでしか、このハードルは乗り越えられません。

- 自分の提案文を隅から隅まで見直しブラッシュアップする
- 日記でもかまわないので毎日文章を書きライティングに慣れる
- 応募文をよく読んでクライアントの意図を理解して、適切な提案を行う
- ブログを書いて実績とする
- 最初はタスク案件からでもよいのでスモールスタートする

こうしたことを考え、繰り返しながら、少しずつでも諦めずに進んでいけば、必ず未来は拓けるはずです。

## ✒ 報酬の未回収

ランサーズやクラウドワークスなどのクラウドソーシングサイトで案件を獲得する場合、「**仮払い**」という制度があるため、仕事をしたのに報酬がもらえないといったケースは、ほとんどありません。

しかし、クラウドソーシングサイトなどを介さずにSNS経由で直接契約する場合は注意が必要です。

報酬が支払われないままクライアントと連絡が取れなくなってしまった、ということもあり得ます。

クライアントと接する場合には、契約書を含めしっかりとした**事前の取り決めが重要**です。

長期にわたる高額案件の場合は、複数回に分けて報酬を振り込んでもらったり、前金をもらったりするなど、何らかの対策をしていたほうが無難ですね。

また、クラウドソーシングサイトなどでよく見かける「テストライティングをして、不合格だった場合は報酬ゼロ」という案件には要注意です。

もちろん、とても報酬に値しない低品質な記事ならそれはライター側の落ち度です。

しかし、プロのWebライターを目指すならば、かけた時間と労力に対して無報酬ということは避けるべきです。

いざ納品をしてみたら「基準に満たないので報酬は払えません」などといった事態を避けるためにも、応募文や契約書は隅々までしっかりと確認し、クライアントの評価をチェックすることが大事です。

# ✒ クライアントのパワハラ問題

　修正依頼が入ること自体は、メディアの個性とこちら側のテイストの
ズレを調整するためにもある程度必要なことです。

　基礎的なミスで何度も修正が入るような事態は避けるべきですが、た
くさんのフィードバックをくれるクライアントさんと出会うことは、自
分自身がライターとして成長するための、大きな糧となる場合も少なく
はありません。

　しかし、時折あまりに理不尽なクライアントがいるのも事実です。

　例えば次のような理不尽なパワハラをするようなモンスタークライア
ントであれば、迷わず早々に縁を切るべきです。

---

### 事　例

- メッセージのやり取りが高圧的かつ威圧的
- 1つのミスで人格否定されるような雑言を吐かれた
- 学歴不問の案件で、出身校を聞いて契約を打ち切られた

---

　クライアントにライターを選ぶ権利があるように、ライター側にもク
ライアントを選ぶ権利があります。

　クライアントとWebライターは、どちらが上でどちらが下というこ
とは一切ありません。

　あくまでもビジネスとして互いに敬意を持ち合って、対等に付き合え
るクライアントと出会うことも、Webライターがクライアントワーク
を続けていくうえでの大きなポイントです。

## ✒ 契約外の仕事の依頼

　継続的に同じクライアントとやり取りをしていると、当初と依頼内容が変わってくることがあります。

　最初の契約は記事の執筆のみだったのに、「ついでに」のような感じで次のようなお願いされてしまうといった例もあります。

　そして「気づいたらやることが増えていた」という状況に陥っています。

> - 「WordPress に入稿しておいて」と言われる
> - 「それに見合う画像も入れておいて」と言われる
> - 「できればオリジナルで画像も作って」と言われる

　しかし、すべてを引き受けていては単価と見合わなくなってしまいますよね。

　契約外の仕事を受けるかどうかは本人次第ですが、あからさまに単価と合わない依頼は断ったほうが無難です。

　プラスアルファの作業を依頼された場合は、こちらから別途費用を請求するべきです。

　もちろん、伝え方次第で単価が上がり良い方向に進むこともあり得ます。後々になってのトラブルを避けるためにも、契約時点で自分ができることとできないことを決めておき、クライアントと事前にすり合わせしておくことが大切ですね。

## 🖋 商品やサービスの購入を勧められる

　仕事の依頼として接触してきて、フタを開けてみると商品やサービスの購入を勧めるクライアントがいます。

　筆者が聞いた話では、とある記事執筆案件の募集で「この案件に参加したければ、指定のライティング教材を購入し、学習することが条件」と提示されることがあったそうです。

　**これはクラウドソーシングサービスを利用した新手の情報商材販売**です。

　稼ぐために仕事を探しているクラウドソーシングサイトの場で、購入を勧めてくるのは、まともに案件を依頼する気などないクライアントです。

　目的は商品を販売することであり、絶対にそのような誘導にのってはいけません。

　仕事を依頼する気があるクライアントであれば、商品やサービスを勧めたりはしません。Webライターは、仕事をしてお金をもらう側であって、お金を支払う側ではありませんからね。

　このような誘いをしてくるクライアントの案件はスルーしましょう。

## 🖋 添削サポートつきの低単価な案件

　ライティング案件の中には、**添削サポート**がついているものがあります。無料でライティングを学びながら仕事ができるので、メリットが大きく感じますよね。

　「まとめて20記事」などの契約になることが多いので、書くことに時間がかかる初心者の場合は、半年ほど一緒に仕事をすることになります。

　筆者が運営する「副業の学校」のメンバーの事例では、3,000〜5,000文字の記事を約8ヵ月かけて20記事納品したとのこと。クラウドソーシング内で悪く評価を付けられたくなかったため、納品まで頑張ったそうです。

そして、その報酬が「すべてまとめて859円」という低単価！

　初心者であることを考慮して1文字単価0.5円だとしても、常識的には30,000円〜50,000円はもらえる事例です。

　クライアントの立場としては「安くたくさん書いてほしい」というのが本音だと思いますし、「添削してあげているのだから」というのがあるかもしれませんが、さすがにこれは低単価すぎます。

　このような事例も、事前に報酬額を確認することで無駄な労働を防ぐことができます。

　また、Webライティング技術を学びたいと思うのであれば、案件とセットではなく、本を購入するとか信頼できる人のもとで自発的に学ぶほうが確実にお勧めです。

　仕事は仕事、学びは学び。切り分けて考えましょう。

最初は仕事を取りたい一心で安請け合いしたくなりますが、説明した内容を参考にして、安売りし過ぎないように気をつけましょう。

# ✒ おわりに

　筆者もネットを使ったビジネスの最初は Web ライターからでした。結婚と出産をし、まだ小さな我が子とボロボロのアパートに住んでいた頃、自宅に一枚のチラシが投函されました。

　そこには、こう書いてありました。

- 在宅でできる仕事であること
- 履歴書の提出なし
- 面接はメールのみ
- 最初にテスト記事を書いてもらう
- 1セット7,000円～スタート

　筆者が驚いたのは、面接もなければ出社もしなくて良いということ。自分のペースで、自宅にいながら、誰の目も気にせず仕事ができるなんて夢のような話でした。

　「そんな世界があるんだ……」と初めて知った瞬間です。言葉もままならない我が子と「自宅」という閉鎖された空間で過ごしていた筆者にとっては、唯一の外へのつながりのように感じたんですね。

　Web ライターをスタートしてからは、ブログ運営や YouTube、SNS運営など、ビジネスをどんどん展開していきました。今ではメンバーが3,000人を超えるビジネスオンラインスクール「KYOKO 先生のビジネス学園」を運営し、法人3社の代表も務めています。

　かなり控えめに言っても、人生が180度変わりました。

　その軌跡を振り返ってみると、やはり原点には文章（ライティング）があったと確信しています。

　想いを表現するのは言葉であり、言葉をインターネットに乗せるのは文章です。

　筆者の情報発信……そしてビジネスは、一人でも多くの"過去の私"に希望の光を届けることです。

筆者自身の思いや考えを伝えることができなければ、見る人に感動は与えられなかったと思いますから……。

そして、ここまで発展してこれたのは、ひとえにWebライティングのおかげだということ。

本書を読んでいる皆様にも、「人生を変えるきっかけとして、ぜひWebライティングを学んでもらいたい！」そんな気持ちを込めて、過去の自分を救えるような内容に仕上げたつもりです。

これをきっかけに、自宅で働く方や、経済的自立を達成する方が増えることを切に願っております。

### 並行学習でよりビジネス力を高める

筆者は、ネットを使ったビジネスに役立つ情報をYouTubeでも発信しています。Webライティンにまつわるコンテンツも豊富に取り揃えているので、本書と合わせてぜひ並行学習にお役立てください。
YouTube動画コンテンツは、ありがたいことに「有料コンテンツ以上だ！」と評価をいただく声も多く、個人的にも視聴者満足度の高い動画だと自負しています。本書を通してテキストでインプットしつつ、YouTube動画で目と耳からも学習することで、より知識の定着が期待できますよ。

また副業やビジネス全般について、メルマガやLINEでお話ししています。今なら学習資料もプレゼントしているので、興味のある人はこちらも併せて学習してみてください！

文章が100倍うまくなる
【厳選】WEBライティング
テクニック32選
https://www.youtube.com/
watch?v=fj0PVt1moyc

【億稼ぐ】魔法のセールスライティング完全ガイド
テクニック15選
https://www.youtube.com/
watch?v=JYdBhhrNh2Y

コンサル級【記事設計術】
100万円稼ぐ文章の書き方
・作り方
https://www.youtube.com/
watch?v=rX6knz2OsQc

KYOKOのLINE@へ
ようこそ！（公式LINE）
https://line.me/ti/p/
%40dnb8136i

100倍売れる文章が書ける！
# Webライティングのすべてがわかる本

2023年1月31日　初版　第1刷発行
2024年7月15日　初版　第2刷発行

| | | |
|---|---|---|
| 著　　　者 | KYOKO | |
| 装　　　丁 | 宮下裕一 | |
| 発　行　人 | 柳澤淳一 | |
| 編　集　人 | 久保田賢二 | |
| 発　行　所 | 株式会社ソーテック社 | |
| | 〒102-0072　東京都千代田区飯田橋4-9-5　スギタビル4F | |
| | 電話(販売部) 03-3262-5320　FAX 03-3262-5326 | |
| 印　刷　所 | 広研印刷株式会社 | |

----------------------------------------------------------------

©KYOKO 2023 Printed in Japan
ISBN978-4-8007-1313-1

----------------------------------------------------------------